U0920351

高等职业教育装备制造类专业系列教材

电梯相关法规与安全技术

（修订版）

蒋　英　主编

科学出版社

北　京

内 容 简 介

全书分为上下两篇，上篇为电梯安全技术，阐述了电梯基本知识、电梯施工安全技术、电梯运行安全技术、电梯环境安全技术、自动扶梯安全技术，目的在于帮助电梯专业的学生或从业人员掌握电梯安全的基本知识，提高对电梯安全重要性的认识；下篇为电梯相关法规，分别介绍了电梯从业人员职业道德、特种设备安全法中电梯专业的相关规定、特种设备安全监察条例相关规定、特种设备作业人员考核规则相关规定，旨在提高电梯专业的学生或从业人员的法律素质，同时使读者熟悉电梯特种设备的检验检测的标准。每篇配有相关思考题，同时本书后配有阶段性训练内容，使学生及时巩固知识，加深理解和记忆。附录介绍了相关法规，为学生学习和实践提供了标准依据。

本书既可作为土建类高职高专学校电梯专业教材，也可作为社会从业人员的取证培训的学习用书，还可作为从事电梯行业工作的技术人员学习的参考书。

图书在版编目（CIP）数据

电梯相关法规与安全技术/蒋英主编. —北京：科学出版社，2017
（高等职业教育装备制造类专业系列教材）
ISBN 978-7-03-052358-7

Ⅰ.①电… Ⅱ.①蒋… Ⅲ.①电梯-安全管理-法规-汇编-中国-高等职业教育-教材 ②电梯-安全技术-高等职业教育-教材 Ⅳ.①D922.297.9 ②TU857

中国版本图书馆 CIP 数据核字（2017）第 054854 号

责任编辑：万瑞达 / 责任校对：陶丽荣
责任印制：吕春珉 / 封面设计：曹 来

科学出版社出版

北京东黄城根北街 16 号
邮政编码：100717
http://www.sciencep.com

廊坊市都印印刷有限公司 印刷

科学出版社发行 各地新华书店经销

*

2017 年 3 月第 一 版 开本：787×1092 1/16
2023 年 7 月修 订 版 印张：12 3/4
2024 年 1 月第七次印刷 字数：306 000

定价：39.00 元

（如有印装质量问题，我社负责调换〈都印〉）
销售部电话 010-62136230 编辑部电话 010-62135120-2001（VA03）

前 言

教育是国之大计、党之大计。教育、科技、人才是全面建设社会主义现代化国家的基础性、战略性支撑。全面建设社会主义现代化国家，必须坚持科技是第一生产力、人才是第一资源、创新是第一动力，深入实施科教兴国战略、人才强国战略、创新驱动发展战略。高等教育人才培养要树立质量意识、抓好质量建设、全面提高人才自主培养质量。

随着我国经济和房地产行业的飞速发展，电梯行业得到了快速提升，但从事电梯制造、安装、检测、调试和保养的技术技能型人才较为匮乏。据统计，大多数电梯人身伤害事故发生在电梯的安装、维修、保养等施工作业过程中，安全防护措施不到位和忽视相关法律法规是这类事故发生的主要原因。所以，提高电梯从业人员的相关技能水平，加强他们的规范管理与安全意识，是整个行业亟待解决的问题。

国家质量监督检验检疫总局、国家电梯质量监督检验中心等部门非常重视电梯从业人员的教育培训工作，可是目前有关电梯从业人员的系列教材很少，特别是没有适合高职高专电梯专业学生的教材。电梯相关法规与安全技术，直接关系到电梯安装、维护和使用等人员的生命安全，所以市场上急需关于电梯基本知识、专业知识、安全知识、法规知识等理论和实际操作知识的系列教材。

本书主要针对高职高专电梯专业的学生编写，也可用于电梯从业的岗前培训和对施工作业人员的安全教育。本书以“安全第一，法律从严”理念进行编写，既有深刻的理论分析，又有丰富的案例资料，特别是结合了当前电梯市场安全问题，从法律层面上对解决电梯安全问题提出了规范化的建议。全书主要分为安全与法律法规两大部分，对电梯安全作了系统的介绍，对法规进行了重点分析。安全与法律法规相辅相成，在内容上贴合得更加紧密。本书不同于一般纯知识性著作，也不同于一般纯学术性著作，而是一部实用性和学术性相结合的教材。本书重点从电梯施工、运行及环境几个方面介绍电梯的安全技术，使读者能够从中了解日常电梯电气系统、机械系统、机电系统和电梯环境问题等方面的相关安全知识，判断电梯交通系统的安全性；同时，通过对一些典型案例的分析，引起读者对法律法规的重视。

本书由天津国土资源和房屋职业学院建筑设备工程系电梯教研室组织编写。其中，第 1～3 章由徐昕皓编写，第 4、5 章由王振宇编写，第 6～9 章及电梯相关法规阶段训练、附录部分由李颖编写，全书由蒋英拟定编写方案、提供相关资料及修改意见并统稿。

编者在编写本书的过程中得到了电梯行业同仁的大力支持和帮助，在此向关心和支持本书出版的有关人员和相关单位表示感谢。

由于编者水平有限，本书不足之处在所难免，恳请读者批评指正。

编　者

2017年1月

目　录

上篇　电梯安全技术

下篇 电梯行业职业道德与相关法规

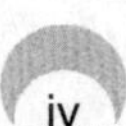

上篇

电梯安全技术

第 1 章　电梯基本知识

1.1　电梯的组成

1.1.1　电梯的基本构造

1. 电梯的定义

《特种设备安全监查条例》规定，电梯是指动力驱动，利用沿刚性导轨运行的箱体或者沿固定线路运行的梯级（踏步），进行升降或者平行运送人、货物的机电设备，包括载人（货）电梯、自动扶梯、自动人行道等。这是广义电梯的概念。我国国家标准《电梯、自动扶梯、自动人行道术语》（GB/T 7024—2008）规定，电梯是服务于建筑物内若干特定的楼层，其轿厢运行在至少两列垂直于水平面或与铅垂线倾角小于 15° 的刚性导轨运动的永久运输设备。国家标准中定义的电梯，只限于上下运行的升降式电梯，是狭义电梯概念。

2. 电梯的基本结构

电梯各部分结构名称及位置如图 1-1 所示。

根据系统的功能，电梯分为曳引系统、导向系统、轿厢系统、门系统、重量平衡系统、电力拖动系统、电气控制系统、安全保护系统 8 个部分。表 1-1 反映了电梯 8 个系统的功能及主要构件与装置。

表 1-1　电梯八大系统的功能及主要构件与装置

系统类别	功能	主要构件与装置
曳引系统	输出与传递动力，驱动电梯运行	曳引机、曳引钢丝绳、导向轮、反绳轮等
导向系统	限制轿厢和对重的活动自由度，使轿厢和对重只能沿着导轨做上、下运动，承受安全钳工作时的制动力	轿厢（对重）导轨、导靴及其导轨架等
轿厢系统	用以装运并保护乘客或货物的组件，是电梯的工作部分	轿厢架和轿厢体
门系统	供乘客或货物进出轿厢时用，运行时必须关闭，保护乘客和货物的安全	轿厢门、层门、开关门系统及门附属零部件
重量平衡系统	相对平衡轿厢的重量，减少驱动功率，保证曳引力的产生，补偿电梯曳引绳和电缆长度变化转移带来的重量转移	对重装置和重量补偿装置

续表

系统类别	功能	主要构件与装置
电力拖动系统	提供动力，对电梯运行速度实行控制	曳引电动机、供电系统、速度反馈装置、电动机调速装置等
电气控制系统	对电梯的运行实行操纵和控制	操纵箱、召唤箱、位置显示装置、控制柜、平层装置、限位装置等
安全保护系统	保证电梯安全使用，防止危及人身和设备安全的事故发生	机械保护系统：限速器、安全钳、缓冲器、端站保护装置等。 电气保护系统：超速保护装置、供电系统断相错相保护装置、超越上下极限工作位置的保护装置、层门锁与轿门电气联锁装置等

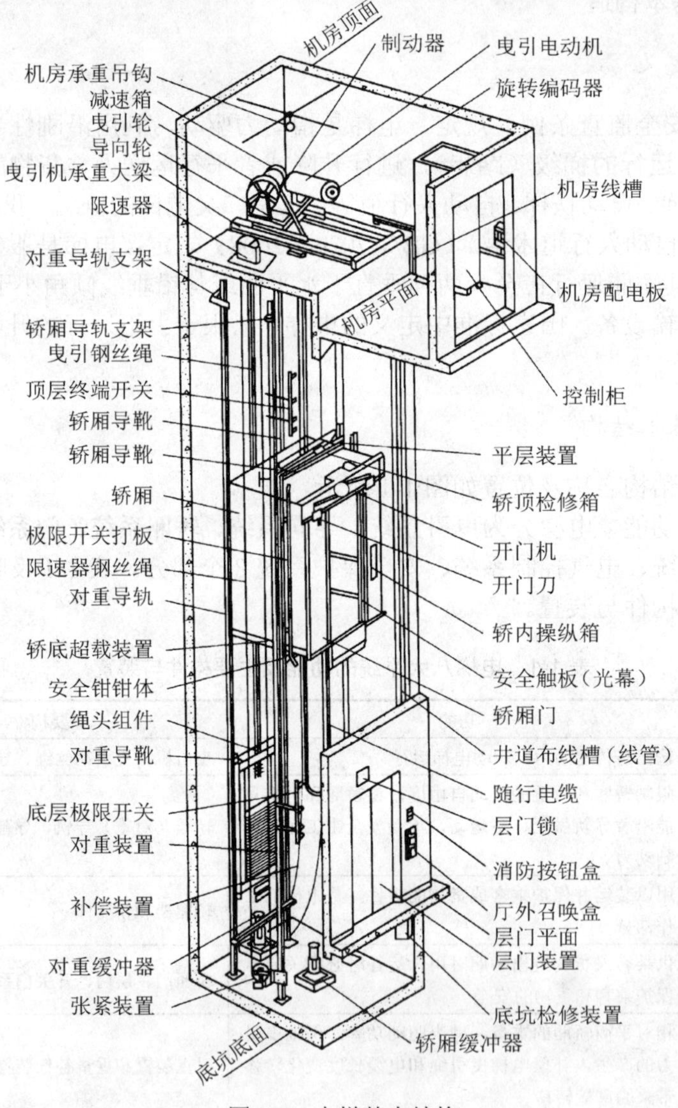

图 1-1　电梯基本结构

根据电梯在空间中所处的位置，又可将电梯划分为 4 个空间。图 1-2 为电梯空间结构组成。

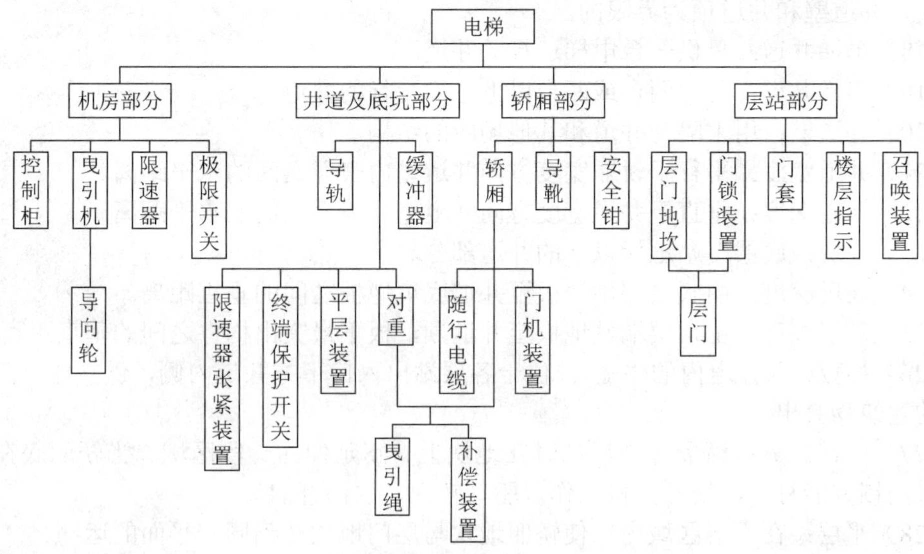

图 1-2 电梯从空间结构划分为四大组成部分

3. 电梯主要参数

（1）额定载重量：电梯设计所规定的轿厢载重量。

（2）额定速度：电梯设计所规定的轿厢运行速度。

（3）提升高度：从底层端站地坎上平面至顶层端站地坎上表面之间的垂直距离。

（4）基站：轿厢未投入运行指令时停靠的层站。一般位于乘客进出最多并且方便撤离的建筑物大厅或底层端站。

（5）平层准确度：轿厢到站停靠后，轿厢地坎上平面与层门地坎上平面之间垂直方向的偏差值。

（6）检修速度：电梯检修运行时的速度。

（7）机房：安装一台或多台曳引机及其附属设备的专用房间。

（8）机房高度：机房地面至机房顶板之间的最小垂直距离。

（9）机房宽度：机房内沿平行于轿厢宽度方向的水平距离。

（10）机房深度：机房内垂直于机房宽度的水平距离。

（11）机房面积：机房的宽度与深度乘积。

（12）层站：各楼层用于出入轿厢的地点。

（13）层站入口：在井道壁上的开口部分，它构成从层站到轿厢之间的通道。

（14）底层端站：最低的轿厢停靠站。

（15）顶层端站：最高的轿厢停靠站。

（16）层间距离：两个相邻停靠层站层门地坎之间的距离。

（17）井道：轿厢和对重装置或（和）液压缸柱塞运动的空间。此空间是以井道底坑的底、井道壁和井道顶为界限的。

（18）单梯井道：只供一台电梯运行的井道。

（19）多梯井道：可供两台或两台以上电梯运行的井道。

（20）井道壁：用来隔开井道和其他场所的结构。

（21）井道宽度：平行于轿厢宽度方向井道壁内表面之间的水平距离。

（22）井道深度：垂直于井道宽度方向井道壁内表面之间的水平距离。

（23）底坑：底层端站地板以下的井道部分。

（24）底坑深度：由底层端站地板至井道底坑地板之间的垂直距离。

（25）顶层高度：由顶层端站地板至井道顶，板下最突出构件之间的垂直距离。

（26）加腋梁（井道内的牛腿）：位于各层站出入口下方井道内侧，供支撑层门地坎所用的建筑物突出部分。

（27）开锁区域：轿厢停靠层站时在地坎上、下延伸的一段区域。当轿厢底在此区域内时门锁方能打开，使开门机动作，驱动轿门、层门开启。

（28）平层：在平层区域内，使轿厢地坎与层门地坎达到同一平面的运动。

（29）平层区：轿厢停靠站上方和（或）下方的一段有限区域。在此区域内可以用平层装置来使轿厢运行达到平层要求。

（30）开门宽度：轿厢门和层门完全开启的净宽。

（31）轿厢入口：在轿厢壁上的开口部分，它构成从轿厢到层站之间的正常通道。

（32）轿厢入口净尺寸：轿厢到达停靠站，轿厢门完全开启后，所测得门口的宽度和高度。

（33）轿厢宽度：平行于轿厢入口宽度的方向，在距轿厢底 1m 高处测得的轿厢壁两个内表面之间的水平距离。

（34）轿厢深度：垂直于轿厢宽度的方向，在距轿厢底部 1m 高处测得的轿厢壁两个内表面之间的水平距离。

（35）轿厢高度：从轿厢内部测得地板至轿厢顶部之间的垂直距离（轿厢顶灯罩和可拆卸的吊顶在此距离之内）。

（36）乘客人数：电梯设计限定的最多乘客量（包括司机在内）。

（37）电梯曳引绳曳引比：悬吊轿厢的钢丝绳根数与曳引轮单侧的钢丝绳根数之比。

（38）消防服务：操纵消防开关能使电梯投入消防员专用的状态。

1.1.2 电梯的安全系统

1. 限速器

当轿厢运行时，通过限速器钢丝绳带动限速轮转动，一旦轿厢向下运行速度超过电梯额定速度的 115%，限速器电气开关动作，切断安全回路，使电动机断电，制动器上

闸；限速器甩块在离心力的作用下，卡住限速器钢丝绳，起到保护作用。限速器（图 1-3）是信号的发出者，如果电气开关被切断，电梯未停止运行，要配合安全钳（图 1-4）共同动作。

图 1-3　限速器

图 1-4　安全钳

2. 安全钳

电梯安全钳装置是在限速器的操纵下，当电梯出现超速、断绳等非常严重的故障后，限速器未能将电梯制停，限速器绳将带动安全钳提拉杆动作，将轿厢紧急制停并夹持在导轨上的一种安全装置。安全钳对电梯的安全运行提供有效的保护作用，一般将其安装在轿厢架或对重架上。

3. 缓冲器

缓冲器（图 1-5）是电梯安全保护系统中最后一道保护装置。当电梯的极限开关、制动器、限速器、安全钳等失控，轿厢或对重架已坠落到井道底坑发生蹾底现象时，井道底的缓冲器或对重缓冲器将吸收和消耗下坠轿厢的能量，使其安全减速、停止，起到安全保护作用。

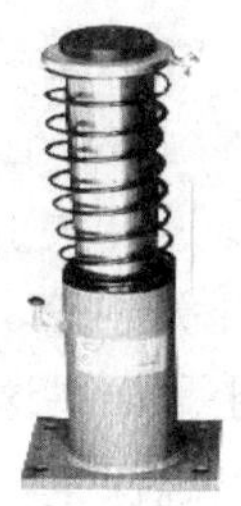

图 1-5　缓冲器

4. 终端超越保护装置

一般终端超越保护装置（图 1-6）由终端电气保护装置和机械缓冲装置两部分组成。终端电气保护装置有终端极限开关，上、下强迫减速开关和上、下限位开关。机械缓冲装置是指位于底坑的各种缓冲器，它们是电梯安全保护的最后一道措施，设置在井道底坑中且正对轿厢和对重，其作用是防止电梯因电气失灵而超越上、下端站后仍继续运行而造成事故。它实际上是轿厢或对重撞击缓冲器之前的安全保护行程开关。

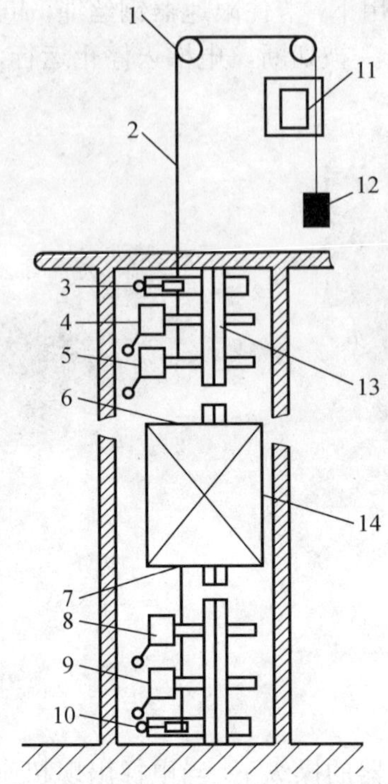

图 1-6　终端超越保护装置

1—导轨；2—钢丝绳；3—极限开关上碰轮；4—上限位开关；5—上强迫减速开关；
6—上开关打板；7—下开关打板；8—下强迫减速开关；9—下限位开关；10—极限开关下碰轮；
11—终端极限开关；12—张紧配重；13—导轨；14—轿厢

具体来说，终端超越保护装置由强迫减速开关、限位开关和极限开关相应的打板、碰轮、钢丝绳等组成。它有 3 道防线使电梯在不正常的情况下停止行驶，分别为轿厢上打板碰到强迫减速开关上的碰轮时，开关应发出指令使电梯停止；如不能停止，轿厢打板会碰上限位开关碰轮，发出指令使电梯停止；如不能停止，则打板会碰上极限开关碰轮，使电梯停止。如果这 3 道防线仍不能使电梯停止，则轿厢或对重将冲上缓冲器，使之强行停止，以确保电梯及乘客的安全。需要指出的是，当打板碰上限位开关而使电梯停止时，电梯仍能应答楼层召唤信号，并可以向反方向运行；当打板碰上极限开关而迫使电梯停止后，必须用人工方法才能使电梯重新运行。

5. 急停和检修安全保护开关

急停和检修开关（图 1-7）设在轿厢顶和底坑，为安装与检修电梯时使用。急停开关外表面颜色是红色，起警示作用；该开关为弹簧下按式开关，恢复必须按顺时针方向旋转。在电梯出现紧急情况时，按下此开关，控制回路的线路断电，电梯立即制停，起到安全保护的作用。

检修运行装置包括运行状态转换开关、操纵运行方向的开关和停止开关。当轿顶、机房、轿厢内设有检修运行装置时，必须保证轿顶的检修开关“优先”原则，即当轿顶检修开关处于检修状态时，其他位置的检修动作全部失效。

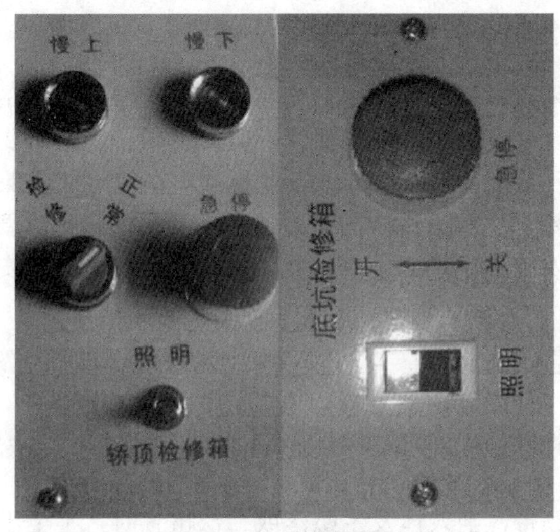

图 1-7　急停和检修开关

6. 门安全保护

电梯每层层门必须完全闭合，并且门锁（图 1-8）锁钩达到规定啮合深度，电气触点全部接通，电梯才能正常运行。进出电梯门时，有接触式（图 1-9）和非接触式（光电式、电磁感应式、超声波、红外线光幕）保护装置。

图 1-8　层门门锁

图 1-9　安全触板

1.2 电梯安全基础知识

1.2.1 劳动防护用品使用安全

劳动防护用品是用来减轻或消除事故伤害或职业危害所配备的一种防护性装备。使用前必须检查，要符合有关标准，妥善保管，监督使用。使用后要整理，处理清洁后保存、修补、更换。对于不符合国家标准或行业标准，在使用期或保管期内遭到损坏或超过有效使用期，经检验未达到原规定的有效防护功能最低指标时要进行报废处理。

电梯施工人员进入施工现场必须严格佩戴安全帽、防护镜、安全鞋、安全带、绝缘手套。

1. 安全帽的安全使用

（1）安全帽在佩戴前，应调整好松紧大小，以帽子不能在头部自由活动，自身又未感觉不适为宜。

（2）必须拴紧下颚带，当人体发生坠落或二次击打时，不至于脱落。由于安全帽戴在头部，起到保护头部的作用。

（3）安全帽应戴正，帽带系紧，帽箍的大小应根据佩戴人的头型调整箍紧；女性佩戴安全帽应将头发放进帽衬。

2. 安全带的安全使用

（1）安全带应该高挂低用，注意防止摆动碰撞。

（2）安全带上的各种零部件不得任意拆掉，使用 2 年以上应抽检一次。

（3）悬挂安全带应做冲击试验，频繁使用的绳要经常做外观检查，发现异常时，应提前报废。新使用的安全带必须有产品检验合格证，无证明不准使用。

（4）三点式腰部安全带应系得尽可能低些，最好系在髋部，不要系在腰部。

1.2.2 电梯安全标志

《电梯制造与安装安全规范》（GB/T 7588—2003）规定，电梯在某些地方应设置安全标志。电梯的安全标志可分为说明类、提示类、警告类。

1. 说明类标志

此类标志主要指电梯各零部件的铭牌。不论是轿厢还是限速器，每一个零部件在相应位置都应贴有铭牌指示，指出设备名称、型号、生产厂家等信息，在安装及后期维修保养改造过程中方便技术人员核对信息。

2. 提示类标志

此类标志主要用文字、数字、图形、符号来提醒人们注意防止事故的发生。标志应设在明显、不会误操作的地方并且易于识别。例如，电梯的旋转部位要标出其旋转方向，方便工作人员识别电梯的运行方向或是盘车救援方向。

3. 警告类标志

此类标志是提醒人们注意周围环境，以避免可能发生的危险（图 1-10）。警告类也可以通过简洁的语言发出命令。例如，电梯机房门上会设有“机房重地，闲人免进”标志。

图 1-10　警告类标志

安全色是为了使人们注意周围存在的不安全因素，需要涂以醒目的颜色。统一使用安全色，能使人们在紧急状况下，快速识别危险，尽快采取措施，有助于防止事故的发生。

安全色有红色、黄色、蓝色、绿色，红色与白色相间隔条纹，黄色与黑色相间隔条纹，蓝色与白色相间隔条纹。对比色有白色和黑色。红色表示禁止、停止、危险及消防设备的意思。凡是禁止、停止、消防和有危险的器件或环境均应涂以红色的标记作为警示的信号。蓝色表示指令，要求人们必须遵守规定；黄色提醒人们注意，凡是警告人们注意的器件、设备及环境都应以黄色表示；绿色表示给人们提供允许、安全的信息；黑色用于安全标志的文字、图形符号和警告标志的几何边框；白色作为安全标志红色、蓝色、绿色的背景色，也可用于安全标志的文字和图形符号。

1.2.3　电梯防火安全

案例：2012 年 1 月 8 日，美国芝加哥市一名 32 岁的女子在不知顶楼着火的情况下，搭乘上升电梯来到起火楼层，不幸遇难。该女子乘电梯准备回到她位于湖滨大道公寓 12

层的家，不想当电梯门一打开，1500℃的火焰迎面猛扑过来，她马上就被浓烟所吞没。

2013 年 1 月 21 日 11 时许，位于团结湖附近的首都医科大学附属北京妇产医院电梯着火，冒出的浓烟飘进病房，几十名家属带着产妇或刚出生的婴儿“逃离”了病房。吴先生称，他的妻子就在 9 楼电梯门附近的一个病房，他听见楼道内有人喊着火了，走出门看到：“电梯门打开，里面满是浓烟，有两个人从里面跑出来，随后，一个火球也从电梯轿厢里喷了出来。”“浓烟很大，飘进了病房，大半个病房里都是。”医生和护士跑进病房，要求家属携病人赶紧离开。“病房里的人都出去了，往楼道对面的出口跑。”“护士也没多说，进来病房就让抱着孩子赶紧出去。”另一名患者家属张先生说，他们跑到楼道看到“有人搀着孕妇，有人抱着孩子，也有人推着病床，从病房里跑了出来”。有目击者称，当时，事故电梯的轿厢顶部蹿出了半米高的火苗。负责电梯维修的工作人员称，着火是由于电梯灯管的镇流器老化，致使电线中电流过大，进而电线着火，产生的烟雾触动了报警器。

高层建筑的电梯使用率较高，随着生活水平的提高，用火、电、油、气日益增多，引发火灾的因素也相对增加。一般火灾的蔓延路径为建筑内房间起火后，室内烟气流量增加，烟火从门窗向室外和走廊蔓延扩散，高温烟气碰到顶棚后，就沿水平方向流动，并通过楼板孔洞、各种竖井管道向上迅速蔓延，很快达到建筑最高层，产生的烟囱效应加速火灾蔓延的速度。由于着火层室温上升，在建筑物上层部分会产生由室内向室外的压力，建筑物下层部分则产生由室外向室内的压力，从而形成向上强对流。正是由于这种强对流“烟囱效应”的作用，建筑物的楼梯间、电梯间以及各管竖井将成为烟火蔓延扩大的主要途径，因此做好电梯防火安全也是一项重要内容。

为防止火灾发生，从设计、生产到投入使用，均应采取预防措施，杜绝火灾隐患。

1. 电梯井道串通各层楼板，形成竖向连通孔洞

因电梯使用需上下升降，竖井不可能在各层分别形成防火分区，所以要求电梯井道采用具有 2h 耐火极限的不燃烧物体做井壁，有助于防止火焰蔓延。只允许有层门、通风孔等功能性开孔，不应开设其他洞口，以使竖井和楼房其他的空间分隔开来。

2. 电梯井的耐火能力

为了保证消防电梯在任何火灾情况下都能坚持工作，电梯井井壁必须有足够的耐火能力，其耐火等级一般不应低于 2.5～3h。现浇钢筋混凝土结构耐火等级一般都在 3h 以上。

3. 电梯井道不允许敷设与电梯无关的线路和管道

严禁敷设可燃气体和甲、乙、丙类液体管道。如水管必须穿过井道，应在穿墙处设置套管，并将套管与水管的间隙用防火材料密封处理。

4. 井道内架设的电梯随行动力电缆和控制回路的信号线要有防水措施

为防止因泡水产生漏电事故而影响灭火，这些电缆电线要求必须是阻燃的，其绝缘护套为不燃材料，并且强度韧性好，由于这些电缆电线要随着电梯上下运行，应当经得起磨损、弯曲和烟气的考验。

5. 保证电梯机房的供电负荷

电梯机房的供电必须为二级负荷，消防电梯应有可靠的备用电源，确保在发生火灾时仍能保证消防用电。

6. 配备灭火器、应急灯及应急电源

轿厢应配备灭火器，并安装应急灯，并有保证供电 30 min 不间断的应急电源。

7. 司梯人员认真操作

司梯人员严格遵守操作规程，严禁携带、运送易燃易爆危险品。不得超载运行，避免线路因长期负荷过重，造成过热引起火灾。

8. 防火门与安全电话设置

电梯机房门设置一级防火门，安装消防专线电话。

1.2.4　危险情况处理

一旦发生火灾，灭火时要先切断电源，一般不使用泡沫灭火器或水，以防发生触电事故。在实施灭火时，人体与带电体之间要保持必要的安全距离，机体、喷嘴至带电体最小距离不应小于 0.4m，并注意燃烧后的下落物体，以免砸伤。

拓展阅读

有一类专用于消防救援的电梯叫消防电梯。消防电梯是在建筑物发生火灾时供消防人员进行灭火与救援使用且具有一定功能的电梯。高层建筑设计中，应根据建筑物的重要性、高度、建筑面积、使用性质等情况设置消防电梯。通常高度超过 32m 且设有电梯的高层厂房和高度超过 32m 的高层库房，每个防火分区内应设 1 台消防电梯；高度超过 24m 的一类建筑、10 层及 10 层以上的塔式住宅建筑、12 层及 12 层以上的单元式住宅和通廊式住宅建筑以及高度超过 32m 的二类高层公共建筑等均应设置消防电梯。

消防电梯的正确使用方法有以下几点。

（1）消防队员到达首层的消防电梯前室（或合用前室）后，首先用随身携带的手斧或其他硬物将保护消防电梯按钮的玻璃片击碎，然后将消防电梯按钮置于接通位置。因生产厂家不同，按钮的外观也不相同，有的仅在按钮的一端涂有一个小“红圆点”，操作时将带有“红圆点”的一端压下即可；有的设有两个操作按钮，一个为黑色，上面标有英文“OFF”，另一个为红色，上面标有英文“ON”，操作时将标有“ON”的红色按钮压下即可进入消防状态。

（2）电梯进入消防状态后，如果电梯在运行中，就会自动降到首层站，并自动将门打开，如果电梯原来已经停在首层，则自动打开。

（3）消防队员进入消防电梯轿厢内后，应用手紧按关门按钮直至电梯门关闭，待电梯起动后，方可松手，否则，在关门过程中如松开手，门则自动打开，电梯也不会起动。有些情况，仅紧按关门按钮还是不够的，应在紧按关门按钮的同时，用另一只手将希望到达的楼层按钮按下，直到电梯起动才能松手。

电梯发生火灾时应立即停止运行，并采取以下措施。

（1）如电梯井道、电梯轿厢发生火灾时应立即停止电梯运行并疏导乘客从步行楼梯安全撤离，切断电源，用干粉灭火器进行灭火扑救。

（2）如相邻建筑物发生火灾时，也须立即停梯，以免因火灾停电造成电梯困人事故。

（3）应详细记录电梯故障发生的时间、原因、救援经过和故障排除时间，填写《突发事件记录》存档备案。

（4）如电梯井道、电梯轿厢发生火灾，必须要求电梯维保公司查明故障原因，设备必须修复观察正常后方可恢复电梯运行。

思　考　题

1. 电梯按功能分为哪 8 个系统？
2. 电梯在空间中所处的位置，可划分为哪几个空间？
3. 电梯限速器是如何动作的？
4. 电梯施工人员进入施工现场应必须佩戴哪些防护用品？
5. 电梯机械安全保护系统包括哪些主要构件？
6. 简述电梯的消防功能。
7. 电梯门系统防止夹持乘客的方法有哪些？
8. 电梯按用途分为哪几类？
9. 电梯可能发生的事故和故障有哪些？
10. 简述限速器-安全钳联动原理。

第 2 章　电梯施工安全技术

2.1　常用工具使用安全技术

2.1.1　工具使用制度

施工过程离不开工具，为了保证工具处于良好的技术状态，在使用过程中应遵守相应的制度。

（1）使用人员应当爱护工具，不得偷拿、破坏。

（2）工具管理员应建立普通工具、专用工具及各类仪器的档案，要做好定期盘点，并记录相应台账。工具管理员应保持工具房和工具的整洁，严禁在库房内吸烟及做其他不相干的事。

（3）使用工具后应及时归还，因特殊原因当天不能归还的工具应与管理员说明。

（4）使用人员在工具使用完毕后，应做好工具的清洁工作。

（5）使用工具前要进行工具的安全性检查，如发现可能存在的隐患要及时提出更换。如果超过使用期限，要提出报废。

（6）使用人员在施工过程中要保管好自己的工具，不乱借乱放，高空作业过程中放在指定位置，避免工具坠落砸伤他人。

（7）使用人员要严格按照工具的特点和规定使用，不得违规作业。

2.1.2　工具使用安全

1．一般工具的安全使用

（1）使用工具前应进行检查，不完整的工具不准使用。

（2）大锤和手锤的锤头应完整，其表面应光滑微凸，不准有歪斜、缺口、凹入及裂纹等情形。大锤及手锤的柄应用整根的硬木制成，不准用大木料劈开制作，也不能用其他材料替代，应装得十分牢固，并将头部用楔栓固定。锤把上不可有油污。禁止戴手套或单手抡大锤，周围不准有人靠近。狭窄区域，使用大锤应注意周围环境，避免反击力伤人。

（3）用凿子凿坚硬或脆性物体时，须戴防护眼镜，必要时装设安全栏。大锤和凿子联合使用，两人以上作业时，作业前必须统一好思想和作业要领，并在具体作业中强调配合。

（4）锉刀、手锯、木钻、螺钉旋具等的手柄应安装牢固，没有手柄的不准使用。

（5）砂轮必须定期检查，砂轮应无裂纹及其他不良情况，砂轮按规定配置防护罩，禁止使用没有防护罩的砂轮。使用砂轮时，应戴防护眼镜，用砂轮磨工具时应使火星向下，不准用砂轮的侧面研磨。

2. 电气工具的安全使用

（1）电气工具应由专人保管，并由所属部门建立相应的台账，由专业人员每半年进行定期检查试验一次，并做好记录。

（2）电气工具使用前，必须检查电线是否完好，有无接地线；坏的或绝缘不良的不准使用；使用时应按有关规定接好漏电保护器和接地线；使用中发生故障，须立即找电工修理。

（3）不熟悉电气工具使用方法的工作人员不准擅自作业，相关负责人应加强员工的安全知识培训。

（4）使用电钻等电气工具时须戴绝缘手套，在金属容器内工作应使用 24V 以下的电气工具，并按规定装设漏电保护器，同时应设专人在外不间断地监护，操作箱应放在容器外面。

（5）使用电气工具时，不准提着电气工具的导线或转动部分。在脚手架上使用电气工具，应做好防触电坠落措施。在使用电气工具过程中，如因故离开工作现场或暂时停止工作以及遇到临时停电时，须立即断开电源。

（6）用压杆压电钻时，压杆应与电钻垂直。如压杆的一端插在固定体中，压杆的固定点需十分牢固。

（7）电气工具和用具的电线不准接触热体，不要放在湿地上，并避免载重车辆和重物压在电线上。

3. 喷灯的安全使用

（1）不熟悉喷灯使用方法的人员不准擅自使用喷灯。

（2）喷灯必须符合下列要求，才可以点火：①油筒不漏油，喷火嘴无堵塞，丝扣不漏气；②油桶内的油量不超过油桶容积的 3/4；③加油的螺钉塞拧紧。

（3）用喷灯工作时，应遵守下列各项：①点火时不准把喷灯正对着人或易燃物品；②油筒内压力不可过高；③工作地点不可靠近易燃物体和带电体；④尽可能在空气流通的地方工作，以免燃烧气体充满室内；⑤不准把喷灯放在温度高的物体上；⑥禁止在使用煤油或酒精的喷灯内注入汽油；⑦喷灯用毕后，应放尽压力，待冷却后，方可放入工具箱内。

（4）喷灯的加油、放油及拆卸喷火嘴等工作，必须待喷火嘴冷却泄压后方可进行。

4. 手提电动工具的安全使用

（1）各种移动电器的导线必须经常检查，必须保证绝缘强度符合技术标准，并做好接地，操作时要戴好绝缘手套或垫好绝缘橡皮。

（2）必须严格按照各移动电器的铭牌正确掌握电压、功率和使用时间，发现有漏电现象或电器超过规定温度，转动速度变慢或有异声时应当立即停止使用，送交电工修理。

（3）钻头必须卡紧，大型手电钻必须用双手扶把，钻杆要连接垂直。钻穿时应轻压电钻，清除铁屑必须用毛刷，严禁用手去抹或用嘴吹。

（4）在向上钻孔时只许用手或用杠杆的方法顶住钻把，不准用头或肩扛等办法，以免滑钻伤人。

（5）电钻在转动过程中，必须用钻把对准孔位，严禁用手扶钻头对孔。

（6）在高空作业时应搭设专用脚手架，操作者必须挂好安全带，工作中要注意周围的操作条件防止踏空脚手板。

5. 钳形电流表的安全使用

钳形电流表是测量交流电流的携带式仪表，其结构如图2-1所示。

它可以在不切断电流的情况下测量电流，因此使用方便，但只限于在被测电路的电压不超过500V的情况下使用。

1）正确选用种类

钳形表的种类和形式很多，有用来测量交流电流的T-301型电流表和MG24袖珍式钳形电流、电压表，还有MG21、MG22型的交、直流两用的钳形电流表等。在进行测量时，应根据被测对象的不同，选择不同形式的钳形电流表。如果仅测量交流电流，可以选择T-301型钳形电流表。若使用其他形式的钳形电流表，应根据测量的对象将转换挡位开关拨到需要的位置。

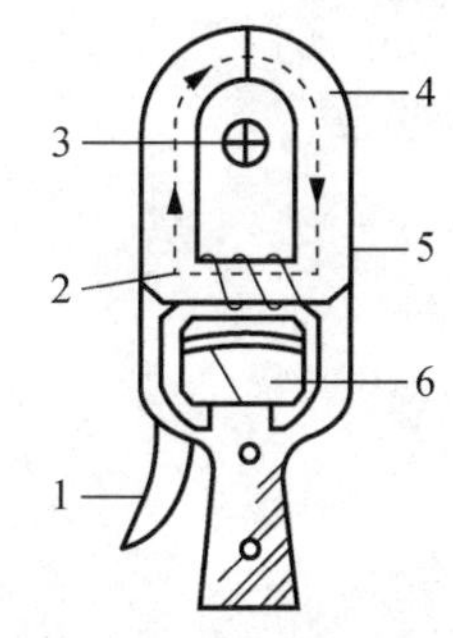

图2-1　钳形电流表的结构

1—手柄；2—二次绕组；3—被测导线；4—铁心；5—电流互感器；6—电流表

2）正确选用量程

钳形电流表一般通过转换开关改变量程。测量前，对被测电流进行粗略的估计，选择适当的量程。如果被测电流无法估计，应将钳形电流表的量程放在最大挡位，然后根据被测电流指示值，由大变小转换到合适的挡位。切换量程挡位时，应在不带电的情况下进行，以免损坏仪表。

3）注意事项

（1）测量交流电流时，应使被测导线位于钳口中部，并使钳口紧密闭合。

（2）每次测量后，要把调节电流量程的切换开关放在最大挡位，以免下次使用时，因未选择量程就进行测量而损坏仪表。

（3）测量 5 A 以下电流时，为得到较准确的读数，在条件许可时，可将导线多绕几圈放进钳口进行测量，所测电流数值除以钳口内导线根数即为导线电流值。

（4）测量时，操作人员应注意保持与带电部分的安全距离，以免发生触电危险。

6. 数字转速表的安全使用

数字转速表是机械行业必备的仪器之一，用来测定电机的转速、线速度或频率。常用的为手持离心式数字转速表。转速测量在国民经济的各个领域，都是必不可少的。数字转速表具有很强的抗干扰能力，并具有多种输出功能和控制功能。它是将接收的数字脉冲信号（由传感器发出的），处理后直接读入 CPU 的计数口，经软件计算出转速和指针相应的位置，再通过 CPU 的控制口，放大后驱动步进电动机正负方向旋转，指示相应转速值（指针直接安装在步进电动机的旋转轴上），步进电动机走一步仅为 1/3 度。

（1）转速表（图 2-2）用来测量各机械设备的每分钟转速。

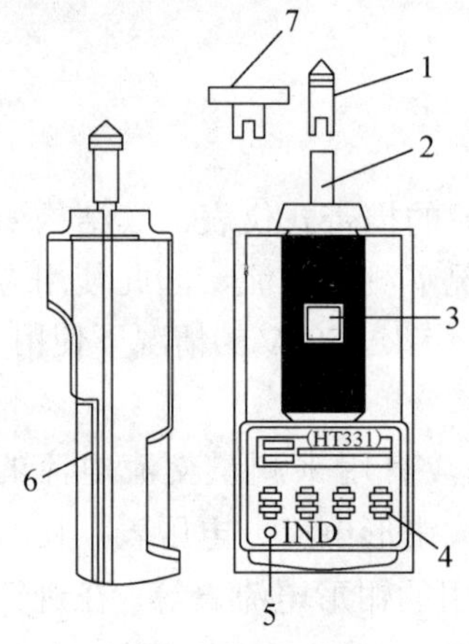

图 2-2　转速表

1—测试头；2—传感轴；3—电源开关；4—转速显示器；
5—最低电压指示灯；6—电池盖；7—测试环

（2）要分清每分钟转速表的测量范围和选择合适的量程。

（3）测量时，测轴和被测轴要连接在同一平行线上，两轴在连接时要有适当的接触，防止滑动。

（4）使用时要加润滑剂，在保管和运输过程中应避免受到冲击、日晒和雨雪侵袭。

（5）转速表应与腐蚀剂分隔存放，其周围温度应为 23±5℃，湿度为 60%±20%。

7. 声级计的安全使用

声级计（图 2-3）是一种能够把工业噪声、生活噪声和车辆噪声等，按人耳听觉特性近似地测定其噪声级的仪器。

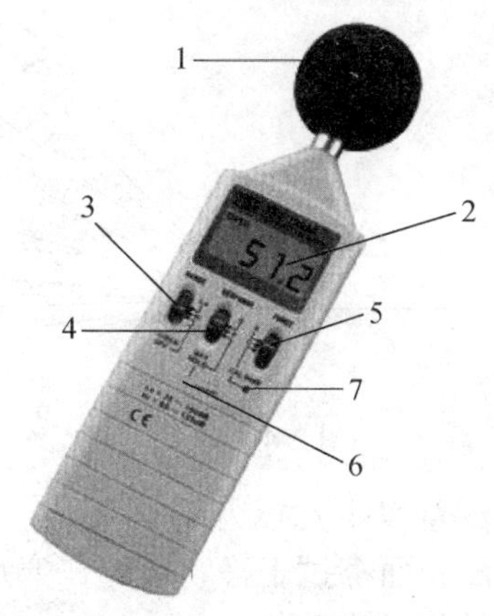

图 2-3　声级计

1—音器（电容式麦克风）；2—显示器；3—电源及挡位范围选择开关；
4—反应速率和最大值锁定开关；5—功能开关；6—复位开关；7—校正调整旋钮

声级计的安全使用应注意以下几点。

（1）声级计是精密声学测量摄谱仪，应防止高温及剧烈震动。注意防潮，使用完毕应放在干燥罐内保存。

（2）测量前应按下“ON”键接通电流，预热半分钟，使整机进入稳定状态。

（3）测量时应选择适合的测量量程。

（4）要经常更换干电池，注意干电池极性，如长久不用，应将干电池取出。

8. 测力计安全使用

（1）首先要注意测力计的适用范围：自 1/10 量程至极限量程。

（2）作用于测力计上的最大载荷不应超过极限量程。

（3）测量时要按所需的测定量程和最小偏差来选择测力计。

（4）测量时应注意测定力的作用方向与测力计管体中心线一致。

（5）测力计应保存在干燥的地方，要防止受潮和受高热。

9. 塞尺安全使用

塞尺（图 2-4）又称测微片或厚薄规，是用于检验间隙的测量器具之一，横截面为直角三角形，在斜边上有刻度，利用锐角正弦直接将短边的长度表示在斜边上，这样就可以直接读出缝的大小了。

塞尺使用前必须先清除塞尺和工件上的污垢与灰尘。使用时可用一片或数片重叠插入间隙，以稍感拖滞为宜。测量时动作要轻，不允许硬插，也不允许测量温度较高的零部件。

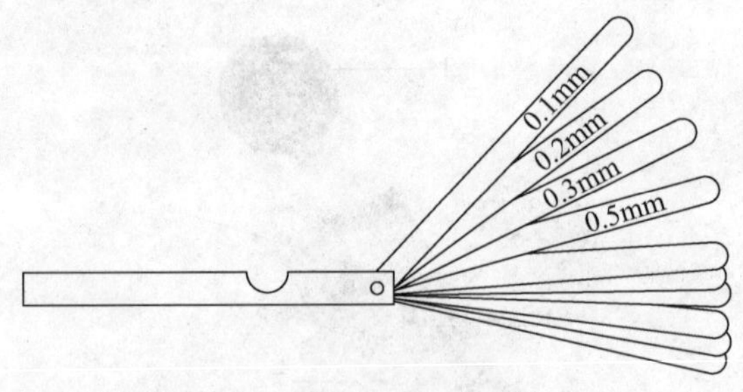

图 2-4　塞尺

在使用塞尺进行测量时应注意以下几点。

（1）用干净的布将塞尺测量表面擦拭干净，不能在塞尺沾有油污或金属屑末的情况下进行测量，否则将影响测量结果的准确性。

（2）将塞尺插入被测间隙中，来回拉动塞尺，感到稍有阻力，说明该间隙值接近塞尺上所标出的数值；如果拉动时阻力过大或过小，则说明该间隙值小于或大于塞尺上所标出的数值。

（3）进行间隙的测量和调整时，先选择符合间隙规定的塞尺插入被测间隙中，然后一边调整，一边拉动塞尺，直到感觉稍有阻力时拧紧锁紧螺母，此时塞尺所标出的数值即被测间隙值。

10. 游标卡尺安全使用

游标卡尺（图 2-5）是一种测量长度、内外径、深度的量具。游标卡尺由尺身和附在尺身上能滑动的游标两部分构成。尺身一般以毫米为单位，而游标上则有 10 个、20 个或 50 个分格，根据分格的不同，游标卡尺可分为 10 分度游标卡尺、20 分度游标卡尺和 50 分度游标卡尺；游标为 10 分度的有 9mm，20 分度的有 19mm，50 分度的有 49mm。游标卡尺的尺身和游标上有两副活动量爪，分别是内测量爪和外测量爪，内测量爪通常用来测量内径，外测量爪通常用来测量长度和外径。

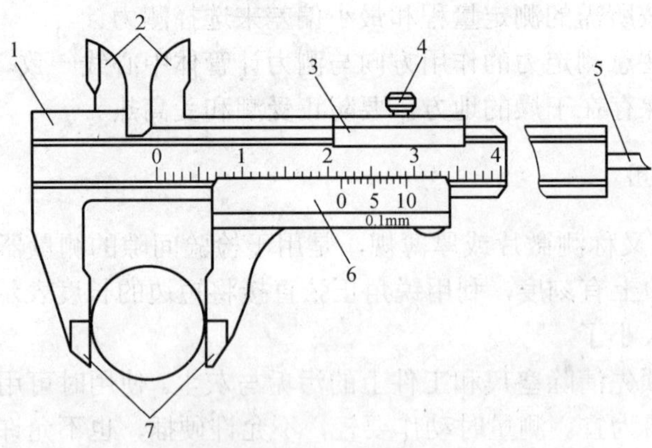

图 2-5　游标卡尺的结构

1—尺身；2—内测量爪；3—尺框；4—紧固螺钉；5—深度尺；6—游标；7—外测量爪

在使用游标卡尺测量时应注意以下几点。

（1）测量前先将卡尺擦净，检查两个测量面积测量刃口是否平直无损，内、外测量爪紧密贴合时应无明显间隙，游标和尺身的零位刻线是否对准。

（2）游标移动要灵活，不能过紧或过松，更不能有晃动的现象，用紧固螺钉固定游标，卡尺读数时不应有变更。

（3）测量工件的外表面尺寸时，外测量爪伸开的尺寸应大于工件的尺寸，以便外测量爪能自由地卡入工件。放入后，将尺框接触工件，慢慢移动外测量爪用轻微的压力使外量爪接触工件。

（4）测量工件时，外量爪的两侧面连线垂直于被测表面，否则会使测量结果不精确。

（5）测量工件外表面时，尽量用外量爪的平测量刃进行测量，不要用内量爪测量刃去测量。

（6）在游标卡尺读尺寸时，应在光亮处，并使人的视线尽可能与卡尺的刻度线垂直，测量时左手握住尺框，右手握住尺身，并用大拇指移动游标或转动微调螺母。

11. 链式起重机的安全使用

链式起重机（图 2-6）是一种使用简便，携带方便的手动起重机械，俗称倒链、手拉葫芦。它适用于小型设备和重物的短距吊装，临时挂置，以及吊装大型组件时的调整等。起重量一般在 5～200kN。链式起重机具有结构紧凑，手拉力小，使用稳当，较其他起重机械容易掌握。

链式起重机的安全使用应注意以下几点。

（1）悬挂链式起重机的构架必须牢固可靠。工作时链式起重机的挂钩、销子、链条、刹车等装置必须保持完好。

（2）起吊用的链式起重机，不准超负荷使用。

（3）起吊物件时，除操作人员外，其他人员不得靠近被起吊的物件。

（4）起吊物件时，必须捆缚牢固可靠。吊具、吊索应在允许负荷范围，严禁在起吊物件下站人或近距离行走。

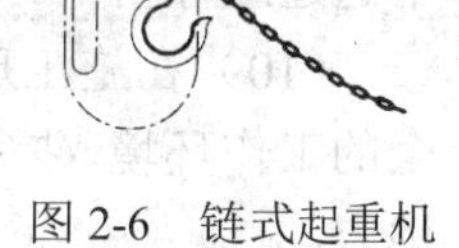

图 2-6　链式起重机

（5）用两个链式起重机同时起吊一个物件时，必须由专人指挥。负荷应均匀分担，操作人员动作要协调一致。

（6）放下物件时，必须缓慢、轻放，不允许自由落下。

2.2 电梯安装安全技术

2.2.1 电梯安装安全一般要求

1. 一般作业安全

（1）进入作业场所的要求：①应穿戴劳动防护用品；②作业前，应检查设备和工作场地，排除故障和隐患；③确保安全防护、信号和联锁装置齐全、灵敏、可靠；④设备应定人、定岗操作。

（2）工作中，应集中精力，坚守岗位，不准擅自把自己的工作交给他人。

（3）两人以上共同工作时，应有主有从，统一指挥；工作场所不准打闹、玩耍和做与本职工作无关的事。

（4）严禁酒后进入工作岗位。

（5）不准跨越正在运转的设备，不准横跨运转部位传递的物件，不准触及运转部位；不准站在旋转工件或可能爆裂飞出物件、碎屑部位的正前方进行操作、调整、检查设备，不准超限使用设备机具。

（6）安装作业完毕或中途停电，应及时切断安装施工所用电源开关后才准离岗。

（7）在修理机械、电气设备前，应在切断的动力开关处设置“有人工作，严禁合闸”的警示牌。必要时应设专人监护或采取防止电源意外接通的技术措施。非工作人员禁止摘牌合闸。一切动力开关在合闸前应细心检查，确认无人员检修时方准合闸。

（8）一切电气、机械设备及装置的外露可导电部分，除另有规定外，应有可靠的接地装置并保持其连通性。非电气工作人员不准安装、维修电气设备和线路。

（9）注意警示标志，严禁跨越危险区，严禁攀登吊运中的物件，以及在吊物、吊臂下通过或停留。

（10）在施工现场要设置安全遮拦和标记；应提供充足的照明以确保安全出入及安全的工作环境，控制开关和为便携照明提供电源的插座应安装在接近工作场所出入口的地方。

（11）应保护所有的照明设备以防止机械破坏。

（12）所有金属移动爬梯与地面接触部位应有绝缘材料和防滑措施。

2. 高处作业安全

电梯施工作业过程中，除了应严格遵守《建筑施工高处作业安全技术规范》（JGJ 80—2016），并应着重注意以下要求。

（1）身穿紧口工作服，脚穿防滑鞋，头戴安全帽，腰系安全带。

（2）凡在高于地面 2m 以上作业时（短时作业除外），应先搭设好安全牢固的工作平台和防护围栏等，超过 5m 高处作业，必须在平台围栏上加挂安全围网和兜网，以免工具及物料坠落伤人，同时在作业区域警戒区处设置必要的警示标志、标牌，提醒行人和无关人员此处为危险区域。高处作业人员，如架子工、模板工及其他工种工人，必须经专门培训，经考核合格方可上岗，并应定期进行体格检查。

（3）室外作业如遇恶劣天气不得进行攀登与悬空高处作业。

（4）用于高处作业的防护措施，不得擅自拆除，确因作业需要临时拆除必须经施工负责人同意，并采取相应可靠的措施，作业后应立即恢复。

（5）高处作业的防护设施，在搭拆过程中应设置警戒区并派人监视，严禁上、下同时拆除。

（6）作业时暂不使用的工具应放入工具袋，随用随拿，用不到的工具和拆下来的材料应采用系绳溜放到地面，不得向下抛掷，要及时清理运送到指定地点。

（7）攀爬作业过程中，作业人员应从规定的通道上下，不得在阳台之间等非规定的通道攀登翻越。上下梯子时，必须面对梯子，双手扶牢，不得手持物件攀登。禁止在阳台栏杆、钢筋和管架、模板及支撑杆上作业。人员上下脚手架应走专用通道，禁止攀爬脚手架杆件上下。在脚手架上作业或行走要注意脚下探头板。

3. 电梯电气安全基本常识

1）安全回路

安全回路是为了保证电梯能安全地运行，在电梯各安全零部件都装有一个安全开关，把所有的安全开关串联起来，只有所有安全开关都在接通的情况下，安全继电器吸合，电梯才能得以运行。

常见的安全回路开关有以下几种。

机房：控制屏急停开关、相序继电器、热继电器、限速器开关。

井道：上极限开关、下极限开关（有的电梯把这两个开关放在安全回路中，有的则用这两个开关直接控制动力电源）。

底坑：断绳保护开关、地坑检修箱急停开关、缓冲器开关。

轿厢内：操纵箱急停开关。

轿厢顶：安全窗开关、安全钳开关、轿顶检修箱急停开关。

当电梯处于停止状态，所有信号不能登记，快车、慢车均无法运行，首先怀疑是安全回路故障。应该到机房控制屏观察安全继电器的状态。如果安全继电器处于释放状态，则应判断为安全回路故障。那么导致故障的原因可能有以下几种。

（1）输入电源的相序错或有缺相引起相序继电器动作。

（2）电梯长时间处于超负载运行或堵转，引起热继电器动作。

（3）可能限速器超速引起限速器开关动作。

（4）电梯冲顶或沉底引起极限开关动作。

（5）地坑断绳开关动作。可能是限速器绳跳出或超长。

（6）安全钳动作。应查明原因。可能是限速器超速动作、限速器失油误动作、地坑绳轮失油、地坑绳轮有异物（如老鼠等）卷入、安全契块间隙太小等。

（7）安全窗被人顶起，引起安全窗开关动作。

（8）可能有的急停开关被人按下。

（9）如果各开关都正常，应检查其触点接触是否良好，接线是否有松动等。

另外，目前较多电梯虽然安全回路正常，安全继电器也吸合，但通常在安全继电器上取一组常开触点再送到微机（或 PC 机）进行检测，如果安全继电器本身接触不良，也会引起安全回路故障的状态。

2）门锁回路

为保证电梯必须在全部门关闭后才能运行，在轿门及每扇厅门上都装有门电气联锁开关。只有全部门电气联锁开关在接通的情况下，控制屏的门锁继电器方能吸合，电梯才能运行。如果一扇层门或多扇层门中的任何一扇门开着，在正常操作情况下，应不能起动电梯或保持电梯继续运行。

在实际的使用中，产生门锁继电器误动作的可能情况有许多，如继电器机械卡阻故障、继电器触头粘连，甚至由于天气过于潮湿，在断开继电器线路时，线圈仍然带有一定电压而没有释放等。

在全部门关闭的状态下，到控制屏观察门锁继电器的状态，如果门锁继电器处于释放状态，则应判断为门锁回路断开。

由于目前大多数电梯在门锁断开时快车慢车均不能运行，所以门锁故障虽然容易判断，却很难找出是哪道门故障。

在检查门锁回路故障时应注意以下几点。

（1）首先应重点怀疑电梯停止层的门锁是否故障。

（2）询问是否有三角钥匙打开过层门，在厅外用三角钥匙重新开关一下厅门。

（3）确保在检修状态下，在控制屏分开短接厅门锁和厅门锁，分出是厅门部分还是轿门部分故障。

（4）如是厅门部分故障，确保检修状态下，短接厅门锁回路，以检修速度运行电梯，逐层检查每道厅门（包括被动门）联锁接触情况。

注意：在修复门锁回路故障后，一定要先取掉门锁短接线，方能将电梯恢复到快车状态。

另外，目前较多电梯虽然门锁回路正常，门锁继电器也吸合，但通常在门锁继电器上取一对常开触点再送到微机（或 PC 机）进行检测，如果门锁继电器本身接触不良，也会引起门锁回路故障的状态。

3）安全触板（门光电、门光幕）

安全触板是电梯一种近门安全保护装置，它是一种机电一体式关门防夹安全装置。与其同等作用的近门保护装置是光幕保护装置，属于感应式保护装置。

为了防止电梯门在关闭过程中夹住乘客，所以一般在电梯轿门上装有安全触板（或光电或光幕）。

安全触板：为机械式防夹人装置，当电梯在关门过程中，人碰到安全触板时，安全触板向内缩进，带动下部的一个微动开关，安全触板开关动作，控制门向开门方向转动。

光电：有的电梯安装了门光电（至少需要两点），一边为发射端，另一边为接收端。当电梯门在关闭时，如果有物体挡住光线，接收端接收不到发射端的光源，立即驱动光电继电器动作，光电继电器控制门向反方向开启。

光幕：与光电的原理相同，不过是有许多发射点和接收点。

故障状态：

（1）电梯门关不上。

故障现象：电梯在自动位时不能关闭，或没有关完就反向开启。在检修时却能关上。

原因：安全触板开关坏，或被卡住，或开关调正不当，安全触板稍微动作即引起开关动作。门光电（或光幕）位置偏或被遮挡，或门光电（光幕）无供电电源，或光电（光幕）已坏。

（2）安全触板不起作用。

故障现象：电梯门在关闭过程中夹住乘客且电梯门不能回到开门状态。

原因：安全触板开关坏，或线已断。

4）关门力限开关

有的电梯门装有关门力限开关，当门在关闭过程中如果受到一定阻力门却仍然关不上，则该开关动作，门向开门方向旋转。有的变频门机虽然没有这个开关，但也有类似的功能。在关门时如果遇有一定的阻力，通过变频器的计算门机电流超过一定值时仍不能关上，则向反方向开启。

当关门力限开关有误动作时门会始终关不上。

5）开、关门按钮

自动位时，如果按住开门按钮，则电梯门长时间开启，可以方便乘客多时正常进出轿厢。按一下关门按钮，可以使门立即关闭。电梯处于检修位时，开、关门按钮用来控制电梯的开关门。

故障现象：有时开、关门按钮被按后会卡在里面弹不出来。如果开门按钮被卡住可能会引起电梯到站后门一直开着关不上。关门按钮被卡住会引起到站后门不开启。

6）厅外召唤按钮

厅外召唤按钮是用来登记厅外乘客的呼梯需要。同时，它有同方向本层开门的功能。如电梯向上运行时，如按住上召唤按钮不放，则电梯门会长时间开启（有的电梯被设计成超过一定时间后就强制关门）。

故障现象：有时召唤按钮被卡住时电梯会停在本层不关门。或过一段时间强制关门后运行，然后每次都要驶向该层停留一段时间。

7）井道上、下终端限位

上终端限位一般在电梯运行到最高层，且高出平层 5～8cm 处动作。动作后电梯快车和慢车均不能再向上运行。反之，下终端限位一般在电梯运行到最底层，且低于平层 5～8cm 处动作。动作后电梯快车和慢车均不能再向下运行。

电梯处于顶（底）层，转至检修状态，短接上（下）限位开关，操纵电梯向上（下）检修运行，观察极限开关是否能可靠动作，电梯是否能可靠制停。短接限位开关和极限开关，以检修速度提升（下降）轿厢，使对重（轿厢）完全压在缓冲器上，检查极限开关在缓冲器压缩期间保持动作状态。

8）井道上、下强迫减速限位

在电梯运行到端站时强迫电梯进入减速运行。目前许多电梯都用强迫减速限位作为电梯楼层位置的强迫校正点。

它的作用主要是电梯在快车转为慢车运行时，轿厢进入该区段，由轿厢撞弓碰触减速开关，切断高速，接入低速运转，促使电梯上、下端站准确平层；当电梯运行异常时，避免发生沉底或冲顶事件，确保电梯安全使用。

9）选层器

选层器是用来计算电梯在运行中目前所处的实际位置。

（1）选层器的类型：①机械选层器。早先的电梯是采用机械式选层器，有的是采用同步钢带，有的是采用走灯机，随动电梯的运行，模拟反映出电梯实际所在的位置。②井道楼层感应器。有的电梯，电梯位置的计算是靠在井道中每层都装一只磁感应器，轿厢侧装一块隔磁板，当隔磁板插入感应器时，该感应器动作，控制屏接收到这个感应器的信号后，立即计算出电梯的实际位置。同时控制显示器显示出电梯所在位置的楼层数字。

（2）选层器较为常见的故障：电梯要确定运行的方向，势必要知道电梯目前所在的位置，所以电梯位置的确定非常重要，这部分电路出了故障，可能电梯就不能自动确定运行方向了，而会出现信号登记不上的现象。

同样，这部分电路出现故障时，一般也会引起楼层显示数字不正确等现象。

10）轿厢上、下平层感应器

轿厢上、下平层感应器用来进行轿厢的爬行平层，同时进行反馈门区信号。

平层感应器不动作（或者隔磁板插入感应器的位置偏差太大）时，电梯减速后可能不会平层，而是继续慢速行驶。有些电梯程序能检测平层感应器的动作情况，例如当电梯快速运行时，规定到达一定时间必须要检测到有平层信号，否则认为感应器出错，程序立即反馈电梯故障信号。

11）称重装置

称重装置用来测定电梯载重量，发出轻载、满载、超载等信号。有的能进行电梯运行中的补偿，配合防捣乱功能等。

在检查时要注意：主要防止称量装置移位，造成误动作。这时要重新做试验调正位置。否则可能引起电梯死机等情况。

4. 电梯电气设备施工安全

电梯在施工过程中，造成电气伤害事故的危险通常有电器设备、手持电动工具产品不符合电气安全规范要求；或者电器设备、手持电动工具使用不当，破坏了绝缘层，由于漏电保护装置未装设或动作不可靠等；无证从事电气设备的操纵；也有违章带电作业，如应对电梯接地系统的接地电阻检验这项工作中，作业人员没有停电、验电，没有对电感性和电容性进行放电便进行测试等。为了保证作业人员人身安全，消除安全隐患，必须遵守严格的电梯电气施工安全规范。

1）带电作业的危害

人员在带电作业过程中，当外界电场达到一定强度时，人体裸露的皮肤上就有微风吹拂的感觉，等电位作业的人员把手中的扳手伸向远处，耳边会听到嗡嗡声；人体如果处于导线与地面间，会发生头顶上部向上凸出，脚跟向下凸出；如果人体串接于闭合电路中，人体中就会流过电流，电流大小不同表现的受害程度也不同，如表 2-1 所示。

表 2-1　人体对稳态电击产生生理反应的电流阈值（mA）

生理反应	感知	震惊	摆脱	呼吸痉挛	心室纤维性颤动
男性	1.1	3.2	16.0	23.0	100
女性	0.8	2.2	10.5	15.0	100

除此之外，由于作业人员带电施工，一旦发生触电危险，往往会使手在无精神准备的情况下突然离开扶持物，可能造成高处坠落的二次伤害。

带电作业除了对人自身造成伤害，也可引起电气火灾，烧毁设备、线路；可引起电气设备附近的易燃物着火，从而引起火灾事故；可引起被毁坏的供电区域停电，影响生产；因电气火灾所引起的井道封闭空间内人员窒息死亡的重大恶性事故。

2）电梯电气施工过程中注意事项

（1）所有电工必须经过安全技术培训，考核成绩合格，持有劳动局颁发的安全操作证方可独立操作，在操作时必须按照供电局“低压用户电气装置规程”的划定进行操作。

（2）各种电工用具的绝缘性能、机械强度、材料、结构尺寸等方面均应符合安全要求，加强日常保养，连接无缺损，不准用其他工具代替用电工具，也不准将用电工具当作一般工具使用。

（3）必须经有关领导批准，并派遣有经验的电工搭配、监护。

（4）穿好工作服、绝缘鞋，扣紧袖口，戴好绝缘手套，不许穿凉鞋、拖鞋。

案例 2-1：1986 年 6 月 27 日，上海市某电梯制造厂发生一起调试人员触电死亡事故。当时技术股长和刚分配来的大学生校验一台电梯控制屏，将屏的开门机、显示、方向选层等回路校验结束后，发现控制回路存在问题，能产生误动作。于是技术股长对线圈进行校验，用电线指向控制屏的反面，由大学生去检查线路，检查结果正确。当技术股长在分析原因时，突然听到大学生的叫声，立即切断电源，但该大学生因伤势过重，抢救无效死亡。

事故原因：受害者未穿戴防护工作服与绝缘鞋。违章穿短袖上衣、短裤、凉鞋，致使右膝关节上方偏内侧处触及控制屏的电源相线，导致触电死亡。控制屏的金属外壳虽然采用了接零保护，但只能保护调试人员因电器元件或线路漏电触及外壳而引起的间接触电事故，而不能防止调试人员操作时直接接触带电体造成的触电事故。

（5）不准使用未经检测或已过有效期的安全工具施工。

（6）操作期间断开带电导线时，应先断相线，后断中性线，搭接导线时其次序应相反，在搭接相线前，应先将线头试搭，再接相线，严禁人体同时接触两根导线造成触电。

（7）带电设备线路上，严禁使用锉刀、钢卷尺等金属工具。

（8）进入现场时必须切断电源，并挂有“有人工作，切勿合闸”的警示牌。

（9）更换熔断器时，必须使用相同规格的熔断器，不能用导线代替大规格熔断器。

（10）施工中使用的灯具照明，灯具应有绝缘材料制成的灯罩，其电压不得超过36V。

（11）电气设备未经验电，一律视为有电。

（12）电气开关跳闸后，必须查明原因，故障排除后方可合上开关。不准以约时方式进行停电、送电工作，合闸前应通知所有施工人员，得到确实答复后，方可开启电源。

（13）在进行电气设备作业时，应严格遵守停电、验电、挂标识牌，必要时做出临时接地操作规程。

（14）机房、脚手架上的杂物、尘土要随时清除，以免坠落井道砸伤设备或影响电气设备功能。

3）电梯电气装置施工工艺

（1）机房电源箱施工工艺。机房电源箱是把建筑物的电源线路引到电梯设备上（控制柜和照明等）的电气开关箱。电源箱内有电梯的动力线路开关（主开关）和照明线路开关，照明线路开关包括井道照明开关和轿厢照明开关。电源箱内还需要有接地线PE的端子排和中性线N的端子排。电梯的供电电源是三相五线制，即TN-S系统，而且电源的波动范围不超过±7%。在机房中，每台电梯都应单独装设一只能切断该电梯所有供电电路的主开关。该开关应具有切断电梯正常使用情况下最大电流的能力。井道照明一般采用220V电压供电，应单设接地线PE。中性线N和接地线PE应始终分开。整个电梯装置的金属件应采取等电位连接措施，接地支线应分别接至接地干线接线柱上，不得互相连接后再接地。

① 确定安装位置：机房电源箱选取位置应为机房入口附近，方便接近。电源箱的预安装高度为距机房地面 1.3～1.5m，以方便操作。确定安装孔时，可以先把箱体放置在预安装的位置，用记号笔在墙上标出箱体上的孔位，以便于在正确位置打孔。

② 钻孔、打入膨胀螺栓。用手电钻在电源箱的安装孔处钻孔。用锤子把膨胀螺栓打入孔中。打孔时，手电钻的钻头应垂直于墙面，否则打出的孔会歪斜，不利于膨胀螺

栓的固定。

③ 箱体固定。用套筒扳手把电源箱箱体固定在打入墙内的 4 个膨胀螺栓上。把膨胀螺栓的垫片、弹垫和螺母装在螺钉上。用套筒扳手把螺母拧紧。把 4 个固定螺栓固定好。箱体固定好后，可以用手晃动箱体，看是否有松动情况。

④ 电源箱接线。使用合适的螺钉旋具接好电源箱的动力线路和输入端、输出端和接地线 PE。使用合适的螺钉旋具接好照明线路的输入端、输出端和中性线 N。

⑤ 关闭电源箱。用把手锁闭电源箱的门。

案例 2-2：施工工人在进行电源箱接线时，三相动力电源的电源线没有按黄、绿、红的顺序接，中性线 N 也不是浅蓝色，接地线 PE 不是黄绿双色绝缘导线，这样接线为后续的电路检修和故障排除带来不必要的麻烦。

（2）控制柜施工工艺。

① 控制柜定位：控制柜与墙的距离不小于 600mm；控制柜与门窗的距离不小于 600mm；控制柜与机械设备之间的距离不小于 500mm。

② 控制柜底座安装：控制柜底座高度为 50～100mm；用电锤在机房地面的正确位置打入 4 个膨胀螺栓；把控制柜底座固定在 4 个膨胀螺栓上；控制柜底座安装前，应先除锈，刷防锈漆、装饰漆。

③ 控制柜安装：将控制柜安装固定在控制柜底座上（安装时，先把控制柜的门拆下，控制柜门的方向朝向曳引机，控制柜的柜体要接地）；把控制柜的门用插销固定在柜体上，关好控制柜的门（门要接地）。控制柜垂直偏差不应大于 1.5/1000，水平度小于 1/1000。

注意：在组装控制柜时有金属屑或其他杂质留在控制柜内部，易造成短路等故障。

（3）机房布线施工工艺。线槽与可移动部件之间的距离在机房内应不小于 50mm；机房和井道内应按产品要求配线。软线和无护套电缆应在导管、线槽或能确保起到等效保护作用的装置中使用。护套电缆和橡套软电缆可明敷于井道或机房内使用，但不得明敷于地面；导管、线槽的敷设应整齐牢固。线槽内导线总面积不应大于线槽净面积的 60%，导管内导线总面积不应大于导管内净面积的 40%，软管固定间距不应大于 1m，端头固定间距不应大于 0.1m；井道和机房内的配线，应使用电线管和电线槽保护，严禁使用可燃性及易碎性材料制成的管、槽。不易受机械损伤和较短分支处可用软管保护。金属电线槽沿机房地面明设时，其壁厚不得小于 1.5mm。切断线槽需用手锯操作，不能用电气焊。拐弯处不允许锯直口，应沿穿线方向弯成直角保护口，以防划伤电线，所有弯应有橡胶护垫保护。所有接口应封闭，转角应圆滑，固定牢固，槽内无杂物。

注意：在敷设线槽时，使用焊接方式是错误的做法，因为切割时伤及线路将会造成漏电等严重事故。

（4）井道电气设备施工工艺。

① 确定照明灯的安装位置：距离井道顶端和底端 0.5m 处安装一个照明灯。中间每

隔 7m 安装一个照明灯。

② 安装井道照明灯：在井道壁上合适位置从总线槽引出一个小线槽至井道照明灯处。在合适位置打入膨胀螺栓，用来固定照明灯。

③ 固定终端保护开关：安装强迫减速及限位开关时，应先将开关装在支架上，然后将支架用压导板固定于轿厢导轨的相应位置上。极限开关通常安装在轿厢地坎超越上、下端站地坎 100mm 以上的位置。限位开关安装在轿厢地坎超越上、下端站地坎 50～100mm。此处的分支连接最好使用软管保护。

④ 安装各楼层隔磁板：在井道中安装固定隔磁板，每个层站一个。安装时，将感应器支架固定在轿厢架立柱上，然后装上感应器，校正上下两只感应器的垂直偏差不大于 1mm。

⑤ 安装固定门锁：在每个层门门头上安装固定门锁。

⑥ 安装副门锁：在门头板上安装副门锁。

⑦ 安装层门钩子锁：在层门门头板上安装门锁滚轮和钩子锁。

⑧ 门锁接线：门锁电路接线，包括轿门门锁和各层门门锁，接地线不能遗漏。

注意：*平层感应器和隔磁板的重合深度没有达到要求，可能导致平层信号变差或没有平层信号不平层。*

（5）导线敷设施工工艺。

① 穿线前将电线管或电线槽内清扫干净，不得有积水、污物。电线管要检查各个管口的护口是否齐全，如有遗漏和破损，均应补齐和更换。

② 电梯电气安装中的配线，应使用额定电压不低于 500V 的铜芯导线。

③ 根据管路的长度留出适当余量进行断线。穿线时不能出现损伤线皮、扭结等现象，并留出适当备线（10～20 根备 1 根，20～50 根备 2 根，50～100 根备 3 根），其长度应与箱、盒、柜内最长的导线相同。

④ 导线要按布线图敷设，电梯的供电电源必须单独敷设，并应由建筑物配电间直接送至机房。动力和控制线路应分别敷设。微信号及电子线路应按产品要求单独敷设或采取抗干扰措施。若在同一电线槽中敷设，其间要加隔板。

⑤ 在电线槽的内拐角处要垫橡胶板等软物，以保护导线。导线在电线槽的垂直段，用尼龙绑扎带绑扎成束，并固定在电线槽底板下，以防导线下坠。出入电线管或电线槽的导线无专用保护时，导线应用绑扎带或塑料套管等加以保护。

⑥ 导线截面为 $6mm^2$ 及以下的单股铜芯线和 $25mm^2$ 及以下的多股铜芯线与电气器具的端子可直接连接，但多股铜芯的线芯应先拧紧，涮锡后再连接；导线截面超过 $2.5mm^2$ 的多股铜芯线的终端，应焊接或压接端子后，再与电气器具的端子连接（设备自带插接式的端子除外）。

⑦ 引进控制盘（柜）的控制电缆橡胶绝缘芯应外套绝缘管保护。

⑧ 控制柜压线前应将导线沿接线端子方向整理成束，排列整齐，用小线或尼龙带分段绑扎，绑扎时做到横平竖直、整齐美观。绑扎导线不能用金属裸导线和电线进行绑

扎。配线应绑扎整齐，并有清晰的接线编号。保护线和电压 220V 及以上线路的连接线端子应有明显的标记。

⑨ 导线压接要严实，不能有松脱、虚接现象。为了保证机械强度，门电气安全装置导线的截面积不应小于 $0.75mm^2$。

（6）压接作业施工安全。压接端子（线耳、闭端端子）通过短暂的压着，能形成可靠的连接。工作中必须使用专用工具和设备。工具和设备要经常保养检查，并且定期校正，才能维持其性能。

在压线过程中，必须遵守下列作业要求：

① 使用规定型号的端子和规定尺寸的导线。

② 压接端子原则上使用电梯厂家指定的，不允许随意进行端子形状的加工和端子焊锡。

③ 压接前应检查一下端子和工具的压着部分是否有灰尘等异物，清理干净之后才可以进行压接工作。

④ 电线的外皮剥离应在规定的尺寸范围内进行。

⑤ 同一压接端子里不允许有两根以上的导线，除闭端压接端子外。

⑥ 压接后，还应仔细检查：剥离外皮的线头长度如何；是否有铜线外露；端子中心是否压着了；有没有裂痕；芯线中是否有断丝；线是否容易拔出；压接导线前，不能焊锡；外皮剥离的芯线不允许有损伤；外皮不允许压在芯线压着的位置上；安装端子时有压着痕迹部位放在上面。

2.2.2　电梯安装安全相关内容

1. 施工前的准备工作

（1）应确定项目负责人、安全管理人员和施工班组及作业人员。

（2）应在认真审核图纸资料的基础上勘察施工现场，有针对性地编写施工方案和安全措施。

（3）进场前应对所有施工人员进行安全交底，并做好交底记录。

2. 施工前的安全检查确认

（1）在层门口、机房入口应做好安全防护和安全标志，确认其完好可靠。

（2）应对电动工具、电气设备、起重设备及吊索具、安全装置等进行检查，确认其安全有效。

（3）对个人携带的安全防护用品应进行检查，确认其完好齐全。

3. 现场安全作业基本要求

（1）进入施工现场应佩戴安全帽，并穿工作服、工作鞋等安全防护用品。

（2）施工现场严禁吸烟。

（3）电焊、气焊等明火作业应提出动火申请，得到有关部门批准后方可进行动火作业。进入井道及在 2m 以上的高空作业，应系安全带，并确认安全可靠。在层门口作业时也应系安全带。

（4）电动工具应在装有漏电保护开关的电源上使用，使用前应试验漏电按钮，确认漏电保护开关有效。

（5）井道施工禁止上下交叉作业。

（6）除作业需要，层门口防护栏（门）不应打开，防护栏（门）打开时应有人监护。

（7）进入井道前应将各层门口附近的杂物清理干净，以防止掉入井道，伤及井道内的作业人员。安装材料应码放在层门口的两侧，不应在层门口前放置任何物品，以防落入井道。

（8）严禁在井道内上下抛掷工具、零部件、材料等物品。

4. 脚手架的安全使用

（1）脚手架应由专业人员搭设，并经有关部门验收后方可使用。脚手架的更改、拆除也应由专业人员完成。

（2）在每层楼作业位置设置作业平台，作业平台的脚手板应使用厚度大于 50mm 的坚固干燥木板，脚手板的宽度应在 200mm 以上。工作平台上的脚手板不应少于两块。

（3）脚手板应紧固在脚手架上，脚手板两端应伸出脚手架横杆 150mm 以上。

（4）禁止在脚手架上放置材料、工具等物品。

（5）应按标准规定敷设安全网，随时清理脚手板及安全网上的杂物，安全网发生破损应及时更换。

（6）同一工作平台上作业的人员不应超过 3 人。

（7）井道工作平台上作业的人员应系安全带及安全绳，并确认连接可靠。

5. 消防安全

（1）电焊、气焊作业应遵守相应的安全操作规程。

（2）电焊、气焊等明火作业时，应在作业处清理易燃易爆品，并设置防火员，配备灭火器，井道明火作业，除在作业处以外，还应在最底层设置底坑防火员，配备灭火器，作业前清除底坑内的易燃物。

（3）明火作业结束后，防火员应确认无明火和火灾隐患后方可离开。

（4）存放配件的库房应配备灭火器，库房内严禁明火。

6. 联络安全

（1）两人（含两人）以上共同作业时应根据距离的远近及现场的情况确定联络方式，其目的是保证联络有效，可以采用喊话、对讲机、轿内电话等形式。

（2）凡需要对方配合或影响到另一方工作的，应先联络后操作，被联络人对联络人发出的联络信号应先复述，联络人对复述确认并得到对方的同意后再开始作业。

7. 机房作业安全

1）机房预留孔保护应符合的要求

（1）进入机房作业时，应将机房与井道的预留孔有效覆盖保护，防止杂物掉入井道。

（2）机房与井道配合作业时，应首先进行联络，确认安全后才可打开保护板。

2）曳引机吊装应符合的要求

（1）曳引机应由专业吊装人员吊装进入电梯机房，吊装人员应持有特种作业人员（起重）证书。

（2）吊装就位前应确认机房吊钩的允许负荷大于等于设计要求。

（3）起重装置的额定载荷应大于曳引机自重的 1.5 倍。

（4）索具应采用直径≥12mm 的钢丝绳，钢丝绳、绳套、绳卡符合标准要求。

（5）吊装前应确认起重吊钩防脱钩装置有效。

（6）索具须吊挂在曳引机的吊环上，不应随意吊挂。

（7）曳引机吊离地面 30mm 时，应停止起吊，观察吊钩、起重装置、索具、曳引机有无异常，确认安全后方可继续吊装。

（8）吊装时，曳引机上、下均不应站人，不应有杂物。

（9）起重装置将曳引机吊停在半空时，吊装人员不应离开吊装岗位。

两台（含两台）以上电梯同一机房作业时，如果有已经运行的电梯，应在已运行的电梯周围做好有效防护和安全警示标志。两台（含两台）以上电梯共用一个机房时，电源开关与电梯的标识编号应一致，以免发生误操作。

8. 装有多台电梯的井道作业安全

（1）两台（含两台）以上电梯的井道，施工前应确认井道已经按标准封闭。

（2）导轨吊装、轿厢组装等起重作业时，相邻井道应暂时停止工作并退出井道，待吊装作业完成后再恢复工作。

9. 井道放样板作业安全

井道放样板作业安全应符合以下要求。

（1）放样板时井道上下作业人员应保持联络畅通。

（2）梯井内操作必须系安全带；上下走爬梯，不得爬脚手架；放样板工具和材料应装入工具袋中，并固定在工作平台上确保不会坠落。如在井道中不易固定，则应在不使用时随时退出井道；物料严禁上、下抛扔。

（3）底坑配合人员应在放样人员允许时才可进入底坑，并保持联络。

（4）电梯施工操作用的手持电动工具必须绝缘良好，漏电保护器灵敏、有效。

10. 导轨安装作业安全

导轨安装作业安全应符合以下要求。

（1）焊接导轨支架和吊装导轨时应遵守高空作业、安全用电、消防安全的有关规定。

（2）安装导轨时如需临时拆卸吊装导轨就位位置的脚手架横杆，不应同时拆卸两根（含两根）以上，且应采取防护措施，在导轨就位后，应立即恢复。

（3）使用绳索牵拉时绳索强度应满足要求，应两人（含两人）以上牵拉。牵拉时应有锁紧方式。

（4）使用卷扬机吊装时，卷扬机应安装牢固并有可靠的制动装置。

（5）吊装导轨时下方不准有人，操作时有专人指挥，信号要清晰、规范，操作者分工明确。

（6）吊装导轨前应认真检查卷扬机、型环、U 绳索等吊具，确认安全后方可使用。

（7）在井道内提升导轨时，作业人员应离开井道。

（8）导轨压板、连接板螺栓紧固前不应放松吊挂绳索，不得摘下卡具；导轨入榫时操作要稳，防止挤伤。

（9）井道中作业必须系好安全带，穿戴好工作服和防护用品。交叉作业时一定要做好安全防护工作。

（10）脚手架上不得放置杂物，导轨支架应随装随取，不得大量放置在脚手板上。

11. 层门安装作业安全

层门安装作业安全应符合以下要求。

（1）层门门扇安装后，在安装门锁并起作用前，不应拆除安全围挡。

（2）动用电焊、气焊时应有防火措施，设专人看火。

（3）如层门套与土建结构间缝隙大于 100mm 则不应拆除安全围挡。

12. 轿厢安装作业安全

轿厢安装作业安全应符合以下要求。

（1）组装轿厢之前应检查吊索、吊具。

（2）链式起重机钢丝绳套应通过曳引绳孔挂在机房吊钩上，不应用曳引绳孔作吊挂。

（3）吊装轿底、轿架、上梁等重物进入井道时，应设尾绳牵拉。

13. 对重安装作业安全

对重安装作业安全应符合以下要求。

（1）吊装对重架前拆除的脚手架横杆在对重就位后应立即恢复。

（2）对重架下支撑应可靠牢固。

（3）搬运对重块时，应有两人同时作业。搬运过程中，对重块应扣手向下，作业人员应抓紧把牢，防止其松脱滑落。码放时，应注意轻搁轻放，以免对重块断裂。加载对重块时应防止压手。

（4）施工时应在井道中架设防护网，以防物体坠落砸坏导靴和砸伤施工人员。

（5）链式起重机必须带防脱钩装置，在搬运潮湿的对重块前必须先用棉纱或干布擦干净。

14. 曳引绳安装作业安全

曳引绳安装作业安全应符合以下要求。

（1）采用巴氏合金工艺的曳引绳应严格遵守明火作业的规定，在浇注巴氏合金时应十分小心，以免灼伤身体，同时必须佩戴护目镜。

（2）使用砂轮机切断钢丝绳时应佩戴护目镜。

（3）进行钢丝绳作业时必须戴手套。

（4）安装曳引绳时不应将曳引绳两端同时送入井道，以免滑落到井道中。

2.2.3 电梯安装安全相关规范

1. 井道安全作业

在进行井道安全作业时应遵循《电梯制造与安装安全规范》（GB/T 7588—2003）对井道作业的要求，该规范适用于装有单台或多台电梯轿厢的井道。电梯对重应与轿厢在同一井道内（观光电梯可除外）。

1）井道

（1）每个电梯井道均应由无孔的墙、底板和顶板完全封闭起来。电梯井道只允许有下述开口：①层门开口；②通往井道的检修门、井道安全门及检修活板门的开口；③火灾情况下，排除气体与烟雾的排气孔；④通风孔；⑤井道与机房或与滑轮间的永久性开口。

特殊情况下，在不要求井道起防止火灾蔓延以保护建筑物的地方，允许：①除入口面外，限定其他各面墙的高度为 2.5m，以超越通常人们可能接触到的高度；②井道入口面，在距层站地面 2.5m 高度以上，可使用网格或穿孔板（轿厢门有机械锁的除外）。网格或穿孔的尺寸，无论水平方向或垂直方向测量，均不得大于 75mm。

在不要求井道在火灾情况下用于防止火焰蔓延的场合，如与瞭望台、竖井、塔式建筑物联结的观光电梯等，井道不需要全封闭，但需要保证以下 5 点。

① 在人员可正常接近电梯处，围壁的高度应足以防止人员遭受电梯运动部件伤害，以及直接或用手持物体触及井道中电梯设备而干扰电梯的安全运行。若符合图 2-7 和图 2-8 的要求，则围壁高度足够，一方面，在层门侧的高度不小于 3.5m；另一方面，其余侧当围壁与电梯运动部件的水平距离为最小允许值 0.5m 时，高度不应小于 2.5m；若该水平距离大于 0.5m 时，高度可随着距离的增加而减少；当距离等于 2m 时，高度可减至最小值 1.1m。

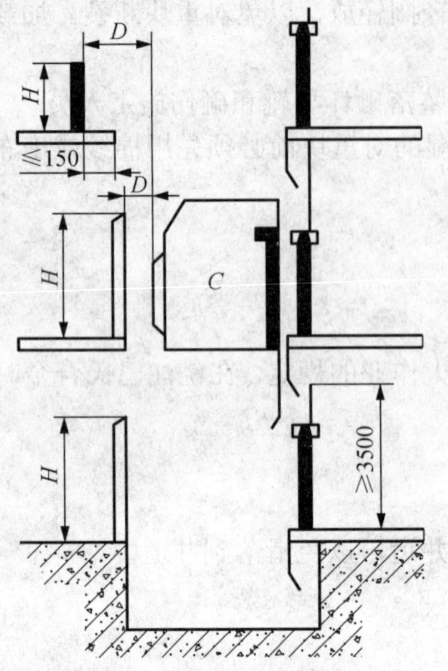

图 2-7　部分封闭的井道示意图

C—轿厢；H—围壁高度；D—与电梯运动部件的距离

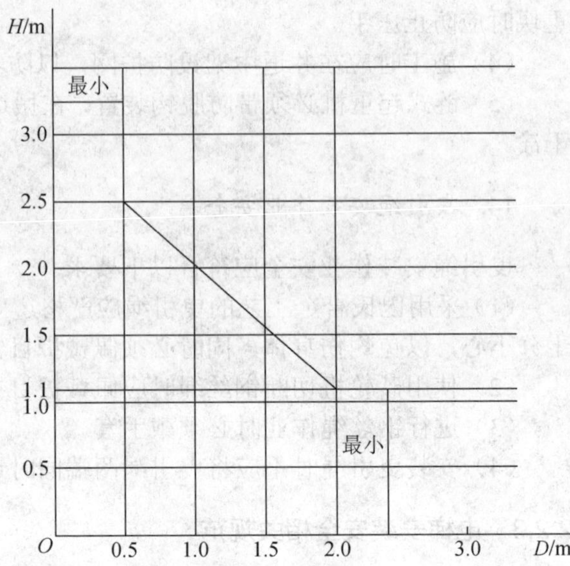

图 2-8　部分封闭的井道围壁高度与距电梯运动部件距离的关系图

② 围壁应是无孔的。

③ 围壁距地板、楼梯或平台边缘最大距离为 0.15m。

④ 应采取措施防止其他设备干扰电梯的运行。

⑤ 对露天电梯，应采取特殊的防护措施，如沿建筑物外墙安装的附壁梯。

（2）通往井道的检修门、井道安全门及检修活板门除由于使用者的安全原因或维修的需要外，一般不准设置。其中检修门的高度不得小于 1.4m，宽度不得小于 0.6m；井道安全门的高度不得小于 1.8m，宽度不得小于 0.35m；检修活板门的高度不得大于 0.5m，宽度不得大于 0.5m。

当相邻两层门地坎间的距离大于 11m 时，其间应设置井道安全门，以确保相邻地坎间的距离不大于 11m，在同一井道内两相邻轿厢都装有符合要求的轿厢安全门的除外。

检修门、井道安全门及检修活板门均不得朝井道里开启。检修门、井道安全门及检修活板门均应装设用钥匙开启的锁，当上述门开启后不用钥匙亦能将其关闭和锁住。检修门与井道安全门即使在锁住情况下，也应能在不需要钥匙的情况下从井道内部将门打开。只有检修门、井道安全门及检修活板门均处于关闭状态时，电梯才能运行。为此，应采用规定的电气安全装置。

检修操作期间，允许电梯在检修活板门开启情况下运行。为此，允许在检修活板门打开时才能触及某一器件不间断的动作，以短接该活板门的电气安全装置。

检修门、井道安全门及检修活板门均应是无孔的，并且应具有与层门一样的机械强度。

（3）井道应适当通风，井道不能用于非电梯用房的通风。在井道顶部应设置通风孔，其面积不得小于井道水平断面面积的1%。通风孔可直接通向室外，或经机房或滑轮间通向室外。

2）井道壁、底面和顶板

井道结构应至少能承受下述载荷：由电梯驱动主机施加的；安全钳装置动作瞬间或轿厢载荷偏离中心由导轨施加的；由缓冲器动作产生的或由补偿绳防跳装置施加的。井道壁、底面和顶板应用坚固、非易燃材料制造，而这种材料本身不容易产生灰尘，并且具有足够的机械强度。

对于无轿门电梯，当300N的力垂直作用在面对轿厢进口的井道壁上的任何位置且均匀地分布于 $5cm^2$ 的圆形或方形面积上时，应满足无永久变形，且弹性变形不大于10mm。

3）面对轿厢入口的层门与电梯井道壁的结构

（1）由层门和面对轿厢入口的井道壁或部分井道壁组成的组合体，应在轿厢整个入口宽度上形成一个无孔表面，门的动作间隙除外。

（2）关于有轿门的电梯：每个层门地坎下面，在不小于开锁区的1/2加50mm的整个垂直距离内，井道壁应与下一个层门的门楣连接，并且采用坚硬光滑的斜面向下延伸，斜面与水平面的夹角不得小于60°，斜面在水平面上的投影深度不得小于20mm。井道内表面与轿厢地坎或轿厢门框架或轿厢门（对滑动门指门的最外边沿）之间的水平距离不得大于0.15m。目的是防止人跌入井道，以及在电梯正常运行期间，将人夹进轿厢门和井道内表面中间的空隙中。

（3）关于无轿门电梯。

① 由层门和面对轿厢入口的井道壁或部分井道壁组成的组合体应构成一个连续的垂直表面，由光滑坚硬的材料如金属薄板、硬贴面或摩擦阻力与其相当的材料构成。禁止使用玻璃或泥灰粉饰。此外，这个组合体在整个轿厢进口的两边至少各宽出25mm。

② 任何凸出物不得大于5mm，大于2mm的凸出物应倒角，使其与水平面的夹角不小于75°。

③ 层门上装有凹进去的手柄时，在井道一侧凹孔的深度不得大于30mm，宽度不得大于40mm，凹孔的上下壁与水平面的夹角不得小于60°，最好是75°。手柄或拉杆的布置应减少钩住的危险并应防止手指在后面被卡住或挤夹。

4）位于轿厢或对重下面的空间的防护

（1）电梯井道最好不设置在人们能到达的空间上面。

（2）如果轿厢或对重之下确有人们能到达的空间存在，井道底坑的底面最小应按 $5000N/m^2$ 的载荷设计，并且将对重缓冲器安装在一直延伸到坚固地面上的实心桩墩上，或者在对重上装设安全钳装置。

5）装有多台电梯的轿厢和对重的井道

（1）在井道的下部，不同电梯的运动部件（轿厢或对重）之间，应设置隔障。这种隔障应至少从轿厢或对重行程的最低点延伸到底坑地面以上 2.5m 的高度。

（2）如果轿厢顶部边缘与相邻电梯的运动部件（轿厢或对重）之间的水平距离小于 0.3m，所要求的隔障应延长贯穿整个井道的高度，并应超过其有效宽度。有效宽度应不小于被防护的运动部件（或其部分）的宽度加上每边各 0.1m 后的宽度。

2. 机房安全作业

在进行机房安全作业时，应当遵循《电梯制造与安装安全规范》(GB/T 7588—2003）对机房作业的安全要求。

1）概述

（1）电梯驱动主机及其附属设备和滑轮应设置在一个专用房间内，该房间应有实体的墙壁、房顶、门和（或）活板门，只有经过批准的人员（维修、检查和营救人员）才能接近。

机房或滑轮间不应用于电梯以外的其他用途，也不应设置非电梯用的线槽、电缆或装置。但这些房间可设置：①杂物电梯或自动扶梯的驱动主机；②空调或采暖设备，但不包括以蒸气和高压水加热的采暖设备；③火灾探测器和灭火器。具有高的动作温度，适用于电气设备，有一定的稳定期且有防意外碰撞的合适保护。

（2）导向滑轮可以安装在井道的顶层空间内，其条件是它们位于轿顶投影部分的外面，并且检查、测试和维修工作能够安全地从轿顶或从井道外进行。

而为对重（或平衡重）导向的单绕或复绕的导向滑轮可以安装在轿顶的上方，其条件是从轿顶上能完全安全地触及它们的轮轴。

（3）曳引轮可以安装在井道内，其条件是：①能够从机房进行检查、测试和维修工作；②机房与井道间的开口应尽可能得小。

如果检验、测试和维修工作能够在井道外进行，则限速器可以安装在井道内。在井道内的导向滑轮和曳引轮必须设有避免下列情况的装置：①伤害人体；②悬挂绳或链条因松弛而脱槽；③杂物落入绳和槽之间。

2）通道

（1）通往机房和滑轮间的通道应：①设永久性电气照明装置，以获得适当的照度；②任何情况均能完全安全、方便地使用，而不需经过私人房间。

（2）应提供人员进入机房和滑轮间的安全通道。应优先考虑全部使用楼梯，如果不能用楼梯，可以使用符合下列条件的梯子。

① 通往机房和滑轮间的通道不应高出楼梯所到平面 4m。

② 梯子应牢固地固定在通道上而不能被移动。

③ 梯子高度超过 1.5m 时，其与水平方向夹角应为 65°～75°，并不易滑动或翻转。

④ 梯子的净宽度不应小于 0.35m，其踏板深度不应小于 25mm。对于垂直设置的梯

子，踏板与梯子后面墙的距离不应小于 0.15m。踏板的设计载荷应为 1500N。

⑤ 靠近梯子顶端，至少应设置一个容易握到的把手。

⑥ 梯子周围 1.5m 的水平距离内，应能防止来自梯子上方坠落物的危险。

3）机房的结构和设备

（1）强度、地板表面和隔音。

① 机房结构应能承受正常所受的载荷，机房要用经久耐用和不易产生灰尘的材料建造。

② 机房地面应采用防滑材料，如抹平混凝土、波纹钢板等。

③ 当建筑物的功能有要求时（如住宅、旅馆、医院、学校、图书馆等），机房的墙壁、地板和房顶应能大量吸收电梯运行时产生的噪声。

（2）尺寸。

① 机房应有足够的尺寸，以允许人员安全和容易地对有关设备进行作业，尤其是对电气设备的作业。工作区域的净高不应小于 2m，在控制屏或控制柜前面的一块水平净空面积，应满足以下条件。

深度：从围壁的外表面测定时不小于 0.7m，在凸出装置（拉手）的前面测定时此距离可以减少到 0.6m。

宽度：为 0.5m 宽的工作区域或控制屏（控制柜）的全宽度，取两者中的较大者。

为了对各运动件进行维修和检查，在必要的地点及需要进行人工紧急操作的地方，要有一块不小于 0.5m×0.6m 的水平净空面积。通往那些净空场地的通道宽度应不小于 0.5m。对没有运动件的地方，此值可减少到 0.4m。

② 供活动和工作的净高度在任何情况下应不小于 1.8m。供活动和工作的净高度从屋顶结构横梁下面算起，测量到通道场地的地面和工作场地的地面。

③ 电梯驱动主机旋转部件的上方应有不小于 0.3m 的垂直净空距离。

④ 机房地面高度不一且相差大于 0.5m 时，应设置楼梯或台阶并设置护栏。

⑤ 机房地面有任何深度大于 0.5m，宽度小于 0.5m 的凹坑或任何槽坑时，均应盖住。

（3）门。

① 通道门的宽度应不小于 0.6m，高度应不小于 1.8m。这些门不得向房内开启。

② 供人员进出的检修活板门净通道应不小于 0.8m×0.8m，在开门到位后能自行保持开启位置。当检修活板门关闭后，应能支撑两个人的重量。即在该门的任何位置上，均能承受 2000N 的垂直作用力而没有永久变形。检修活板门不得朝下开启，除非它们与可伸缩的梯子连接。如果门上装有铰链，应属于不能脱钩的形式。当检修活板门在开启位置时，应采取预防措施（如设置护栏）防止人员或材料坠落。

③ 门或检修活板门应装带有钥匙的锁，它可以从机房内不用钥匙打开。只供运送器材的活板门，只能在机房内部锁住。

（4）其他开口。楼板和机房地板上的开孔尺寸，在满足使用前提下应减到最小。为了防止物体通过位于井道上方的开口，包括通过电缆用的开孔坠落的危险，必须采用圈框，此圈框应凸出楼板或完工地面至少 50mm。

（5）通风。机房应有适当的通风，同时必须考虑到井道通过机房通风，从建筑物其他处抽出的陈腐空气不得直接排入机房内。应保护电动机、设备及电缆等，使它们尽可能不受灰尘、有害气体和湿气的损害。

（6）设备的搬运。在机房顶板或横梁的适当位置上，应装备一个或多个适用的具有安全工作载荷标示的金属支架或吊钩，以便起吊重载设备。

（7）照明和电源插座。机房应设有固定式电气照明，地板表面上的照度应不小于 200lx。在机房内靠近入口（或几个入口）的适当高度处应设有一个开关，以便进入时能控制机房照明。机房内应设置一个或多个电源插座。

3. 层门安全作业

在进行层门安全作业时，应当遵循《电梯制造与安装安全规范》（GB/T 7588—2003）对层门作业的安全要求。

进入轿厢的井道开口处应装设无孔的层门。门关闭后，门扇之间及门扇与立柱、门楣和地坎之间间隙应尽可能地小。对于乘客电梯，此间隙不得大于 6mm；对于载货电梯，此间隙不得大于 8mm。为了避免运行期间发生剪切的危险，自动滑动门的外表面不应有大于 3mm 的凹进或凸出部分。这些凹进或凸出部分的边缘应在两个运动方向上倒角。

1）机械强度

装有门锁的层门应具有的机械强度表现为：当门在锁住位置时，用 300N 的力垂直作用在任何一个门扇的任何位置，且均匀地分布在 5cm^2 的圆形或方形面积上时，应能满足无永久变形，弹性变形不大于 15mm 且经此试验后，仍能动作良好。

在无轿门电梯中，在 300N 的力垂直作用下，层门朝向井道一面的弹性变形应不大于 5mm。在水平滑动门的开启方向，以 150N 的人力（不用工具）施加在一个最不利的点上时，可以大于规定的间隙，但不得大于 30mm。

2）层门的高度和宽度

高度：层门的净高度不得小于 2m。

宽度：除采用适当的防护措施外，层门净进口宽度比轿厢净入口宽度在任何一侧的超出部分均不应大于 0.05 m。

3）地坎、导向装置、门悬挂机构

（1）地坎。每个层站进口应装设一个具有足够强度的地坎，以承受通过它进入轿厢的载荷。在各层站地坎前面可设有稍许坡度，以防洗刷、洒水时，水流进井道。

（2）导向装置。层门在其正常运行中应避免脱轨、卡住或在行程终端时错位。水平滑动层门的顶部和底部都应设有导向装置。垂直滑动层门两边都应设有导向装置。

（3）垂直滑动层门的悬挂机构。垂直滑动层门的门扇应固定在两个独立的悬挂部件上，设计悬挂部件时，其安全系数不得小于 8，悬挂绳滑轮直径应不小于绳直径的 25

倍，悬挂绳与链应加以防护，以免脱出滑轮槽或链轮。

4）关于层门运动的保护

（1）层门及其周围的设计应尽量减少由于人员、衣服或其他物件被夹住而造成损坏或伤害的危险。

（2）动力操纵门的设计应尽量减少人被门扇撞击的有害后果。为此必须满足下列条件。

① 阻止关门的力应不大于 150N，这个力的测量不得在关门行程开始的 1/3 内进行。

② 层门及与其刚性连接的机械零部件的动能，在平均关门速度下的测量值或计算值应不大于 10J。

③ 当乘客在层门关闭过程中通过入口而被门扇撞击或将被撞击时，一个保护装置应自动使门重新开启。此保护装置可以是轿门的保护装置；其作用可在每扇门最后 50mm 的行程中被消除；如果一个系统在一个规定的时间后，使保护装置失去作用，以抵制关门时的持续阻碍，则门扇在保护装置失效下运动时，动能不得大于 4J。

（3）垂直滑动门只允许用于载货电梯和非商业用的汽车电梯。

如果能满足全部下列条件，则这种门允许用动力关闭：①关门动作是在使用者持续控制下进行的；②门扇的平均关闭速度不大于 0.3m/s；③轿门是带孔的或网板结构，并符合特殊情况的规定；④层门开始关闭之前，轿门至少已关闭到 2/3。

（4）在采用其他型式的动力操纵门（如铰链门）时，当开门或关门有碰撞使用者的危险时，应采用与其他动力操纵滑动门类似的防护措施。

5）局部照明和“轿厢在此”信号灯

（1）在层门附近，层站的自然或人工照明，在地面上应不小于 50lx。以便使用者在打开层门进入轿厢时，即使轿厢照明发生故障，也能看清它的前面。

（2）“轿厢在此”指示。

如果层门是手动开启的，使用人员在开门前，必须能知道轿厢是否在这里。为此应安装符合下列条件的一个或几个透明窥视窗。

① 窗玻璃的厚度不得小于 6mm。

② 每个层门的玻璃面积不得小于 0.015m^2，每个窥视窗的面积不得小于 0.01 m^2。

③ 宽度不小于 60mm，不大于 150mm；宽度大于 80mm 的窥视窗下沿距地面不得小于 1m。

同时应安装一个发光的“轿厢在此”信号。“轿厢在此”只能当轿厢即将停在或已经停在特定的楼层时燃亮。在轿厢停留在那里的所有时间内，该信号应保持燃亮。

6）层门锁紧和关闭的检查

（1）对坠落危险的保护。在正常运行时，应不可能打开层门（或在多扇层门中的任何一扇），除非轿厢停站或停在该层的开锁区域内。开锁区域不得大于层站地平上下的 0.2m。在用机械操纵轿门和层门同时动作的情况下，开锁区域可增加到不大于层站地平上下的 0.35m。

（2）对剪切的保护。如果一个层门（或多扇层门中的任何一扇门）开着，在正常操作情况下，应不可能起动电梯，也不可能使它保持运行。然而，可以进行为轿厢运行而准备的预备操作。特殊情况，在下列区域内，允许开门运行。

① 在开锁区域内，允许在相应的楼层高度处进行平层或再平层。

② 允许在层站楼面以上延伸到高度不大于 1.65m 的区域内，由被批准的并受过训练的使用者进行轿厢的装、卸货物操作。此外，层门的上门框与轿厢地面之间的净高度不得小于 2m；无论轿厢在此区域内的任何位置，必须有可能不经特殊操作使层门完全闭合。

（3）锁紧和紧急开锁。每个层门应设置符合要求的门锁装置，这个装置应有防止故意滥用的保护。

① 轿厢运动前应将层门有效地锁紧在关门位置上。但层门锁紧前，可以进行为轿厢运动作准备的操作，层门锁紧必须由符合要求的电气安全装置来证实。轿厢只应在锁紧元件啮合不小于 7mm 时才能起动（图 2-9）。切断电路的触点元件与机械锁紧装置之间的连接应是直接的和防止误动作的，并且必要时可以调节。对于铰链门，锁紧应尽可能接近门的垂直闭合边缘处。即使在门下垂时，也能保持正常。锁紧元件及其附件应是耐冲击的，应用金属制造或加固。锁紧元件的啮合应能满足在朝着开门方向的力的作用下，不降低锁住的效能。应由重力、永久磁铁或弹簧来产生并保持锁紧动作。弹簧应在压缩下作用，应给予导向并具有这样的尺寸，即开锁时，弹簧圈不会被压缩。即使永久磁铁（或弹簧）不再能完成其功能，重力亦不应导致开锁。如锁紧元件是通过永久磁铁的作用保持其适当位置，则它应不能被一种简单的方法（如加热或冲击）使其作用失效。锁紧装置应予保护，以避免可能妨碍正常功能的积尘危险。工作部件应易于检查，如采用一块透明板以便观察。当门锁触点放在盒中时，盒盖的螺钉应为不脱出式的。这样在打开盒盖时，它们仍留在盒或盖的孔中。

图 2-9　锁紧元件示例

② 紧急开锁。每个层门均应能从外面借助于一个如图 2-10 中规定的开锁三角孔相匹配的钥匙开启。这样的钥匙应只交给一个负责人员保管。钥匙应带有书面说明，详述必须采用的预防措施，以防止开锁后因未能有效的重新锁上而可能引起的事故。在一次紧急开锁以后，当无开锁动作时，锁闭装置在层门闭合下，不应保持开锁位置。在轿门驱动层门的情况下，当轿厢在开锁区域以外时，如层门无论因为任何原因而开启，则应

有一种装置（重块或弹簧）能确保该层门的自动关闭。

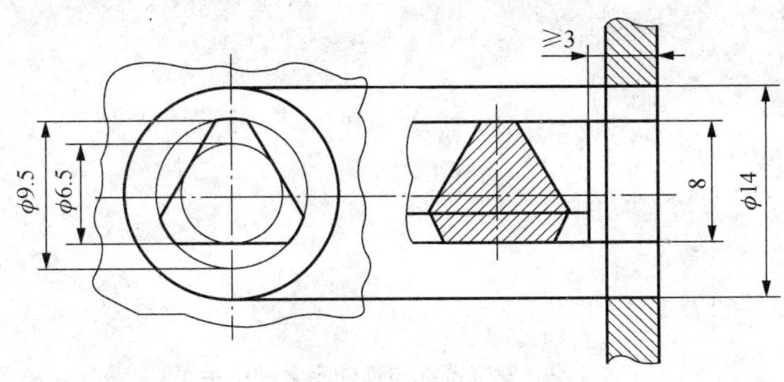

图 2-10 开锁三角形钥匙

③ 对于用来验证层门锁紧状态和关闭状态的装置的共同要求。在门打开或未锁住的情况下，从人们正常可接近的位置，用一个单一的不属于常规操作的动作应不可能开动电梯。验证锁紧元件位置的装置必须动作可靠。

(4) 关于机械连接的多扇门组成的水平或垂直滑动门。当一个水平的或垂直的滑动门包括几个直接由机械连接的门扇时，允许以下操作。

① 只锁紧其中一扇门，其条件是这个单独锁紧的门扇能防止其他门扇的开启。

② 将规定的验证层门闭合的装置装在一个门扇上。

当门扇是由间接机械连接时（如用钢丝绳、链条或皮带），这种连接机构应能承受任何正常能预计到的力，应精心制造并定期检查。允许只锁住一扇门，其条件是这个单独锁住的门扇能防止其他门扇的开启，且这些门扇上均未装配手柄。未被门锁装置锁住的其他门扇的关闭位置应由一个符合要求的电气安全装置来证实。

7）自动操纵门的关闭

正常使用中，在没有轿厢运行指令而经过一段必要的时间以后，自动操纵层门应被关闭，这段时间可以根据使用电梯的客流量而定。

4. 导轨安全作业

在进行导轨安全作业时，应当遵循《电梯制造与安装安全规范》(GB/T 7588—2003) 对导轨作业的安全要求。

1）对导轨的要求

(1) 导轨及其附件和接头应能承受施加的载荷和力，以保证电梯安全运行。

① 应保证轿厢与对重（或平衡重）的导向。

② 导轨变形应限制在一定范围内，不应出现门的意外开锁，安全装置的动作应不受影响，移动部件应不会与其他部件碰撞。

(2) 导轨与导轨支架在建筑物上的固定，应能自动地或采用简单的方法调节，对因建筑物的正常沉降和混凝土收缩的影响予以补偿。

应防止因导轨附件的转动造成导轨的松动。

2）许用应力和变形

（1）许用应力可按下式计算：

$$\delta_{\text{perm}}=\frac{R_{\text{m}}}{S_{\text{t}}}$$

式中：δ_{perm}——许用应力，MPa；

R_{m}——抗拉强度，MPa；

S_{t}——安全系数。

安全系数必须按表 2-2 确定。

表 2-2　安全系数与延伸率之间的关系

载荷情况	延伸率（A5）	安全系数
正常使用	A5≥12%	2.25
	8%≤A5＜12%	3.75
安全钳动作	A5≥12%	1.8
	8%≤A5＜12%	3.0

注：延伸率小于 8%的材料太脆不应使用。

符合《电梯 T 型导轨》（JG/T 5072.1—1996）要求的导轨，许用应力值（δ_{perm}）可使用表 2-3 的规定值。

表 2-3　许用应力值

载荷情况	δ_{perm} /MPa		
	370	440	520
正常使用	165	195	230
安全钳动作	205	244	290

（2）T 型导轨的最大计算允许变形：①对于装有安全钳的轿厢、对重（或平衡重）导轨，安全钳动作时，在两个方向上为 5mm；②对于没有安全钳的对重（或平衡重）导轨，在两个方向上为 10mm。

5. 轿厢安全作业

在进行轿厢安全作业时，应当遵循《电梯制造与安装安全规范》（GB/T 7588—2003）对轿厢作业的安全要求。

1）轿厢高度

（1）轿厢内部净高度不应小于 2m。

（2）使用人员正常出入轿厢入口的净高度不应小于 2m。

2）轿厢的有效面积、额定载重量、乘客数量

（1）乘客电梯和病床电梯。为了防止由于人员的超载，轿厢的有效面积应予以限制。为此额定载重量和最大有效面积之间的关系见表 2-4。

表 2-4　额定载重量与轿厢最大有效面积之间的关系

额定载重量/kg	轿厢最大有效面积/m^2	额定载重量/kg	轿厢最大有效面积/m^2
100①	0.37	900	2.20
180②	0.58	975	2.35
225	0.70	1000	2.40
300	0.90	1050	2.50
375	1.10	1125	2.65
400	1.17	1200	2.80
450	1.30	1250	2.90
525	1.45	1275	2.95
600	1.60	1350	3.10
630	1.66	1425	3.25
675	1.75	1500	3.40
750	1.90	1600	3.56
800	2.00	2000	4.20
825	2.05	2500③	5.00

注：①一人电梯的最小值；②二人电梯的最小值；③额定载重量超过 2500kg 时，每增加 100kg，面积增加 0.16m^2。对中间的载重量，其面积由线性插入法确定。

对于轿厢的凹进和凸出部分，不管高度是否小于 1m，也不管其是否有单独门保护，在计算轿厢最大有效面积时均必须算入。

当门关闭时，轿厢入口的任何有效面积也应计入。

为了允许轿厢设计的改变，对表 2-4 所列各额定载重量对应的轿厢最大有效面积允许增加不大于表 2-4 所列值 5%的面积。

此外，轿厢的超载还应由符合要求的装置来监控。

（2）载货电梯。为了防止不可排除的人员乘用可能发生的超载，轿厢面积应予以限制。通常，额定载重量和轿厢最大有效面积的关系也应按照表 2-4 的规定。

在特殊情况下，为了满足使用要求而难以同时符合表 2-4 规定的载货电梯，在其安全受到有效控制的条件下，轿厢面积可超出表 2-4 的规定。这里“有效控制”的含义是指：①电梯设计计算应考虑轿厢实际载重量达到了轿厢面积按表 2-4 规定所对应的额定载重量的情况下，电梯各相关受力部件（如曳引钢丝绳及端接装置、曳引轮轴、曳引机轮齿、制动器、轿厢及轿架等）有足够的强度和刚度，钢丝绳与曳引轮之间不打滑，安全钳、缓冲器能满足使用要求；②轿厢的超载应由符合要求的装置监控；③应在层站装卸区域总可看见的位置上设置标志，表明该载货电梯的额定载重量；④应专用于运送特定轻质货物，其体积可保证在装满轿厢情况下，该货物的总质量不会超过额定载重量；⑤电梯有专职司机操作，并严格限制人员进入。以上①～③由电梯制造商负责；④、⑤由电梯用户负责。

同时，对于上述特殊情况所指的载货电梯的交付使用前的检验，还应分别按标准作曳引检查、安全钳检验，以及缓冲器的检验。

此外，载货电梯设计计算时不仅需考虑额定载重量，还要考虑可能进入轿厢的搬运装置的质量。

专供批准的且受过训练的使用者使用的非商用汽车电梯，额定载重量应按单位轿厢有效面积不小于 200kg/m^2 计算。

（3）乘客数量。乘客数量应由下述方法获得：

① 按以下公式计算，计算结果只保留整数。

$$乘客数量=\frac{额定载重量}{75}$$

② 取表 2-5 中较小的数值。

3）轿壁、轿厢地板和轿顶

（1）轿厢应由轿壁、轿厢地板和轿顶组成并完全封闭，只允许有下列开口：①使用人员正常出入口；②轿厢安全窗和轿厢安全门；③通风孔。

表 2-5 乘客数量与轿厢最小有效面积之间的关系

乘客数量/人	轿厢最小有效面积/m^2	乘客数量/人	轿厢最小有效面积/m^2
1	0.28	11	1.87
2	0.49	12	2.01
3	0.60	13	2.15
4	0.79	14	2.29
5	0.98	15	2.43
6	1.17	16	2.57
7	1.31	17	2.71
8	1.45	18	2.85
9	1.59	19	2.99
10	1.73	20	3.13

注：乘客数量超过 20 人时，每增加 1 人，轿厢最小有效面积增加 0.115m^2。

（2）轿壁、轿厢地板和轿顶应具有足够的机械强度，轿厢架、导靴、轿壁、轿厢地板和轿顶的总成也应有足够的机械强度，以承受在电梯正常运行、安全钳动作或轿厢撞击缓冲器的作用力。

① 轿壁应具有的机械强度表现为用 300N 的力，均匀地分布在 5cm^2 的圆形或方形面积上，沿轿厢内向轿厢外方向垂直作用于轿壁的任何位置上，轿壁应无永久变形，且弹性变形不大于 15mm。

② 玻璃轿壁应使用夹层玻璃，应按标准选用或能承受标准所述的冲击摆试验。在试验后，轿壁的安全性能应不受影响。

距轿厢地板 1.10m 高度以下若使用玻璃轿壁，则应在 0.9～1.1m 高度设置一个扶手，这个扶手应牢固固定，与玻璃无关。

③ 即使在玻璃下沉的情况下，玻璃轿壁的固定件也应保证玻璃不会滑出。

④ 玻璃轿壁上应有永久性的标记：供应商名称或商标；玻璃的种类；厚度［如（8＋0.76＋8）mm］。

（3）轿壁、轿厢地板和顶板不得使用易燃或由于可能产生有害或大量气体和烟雾而造成危险的材料制成。

（4）轿厢与电梯井道内表面之间及轿厢与对重之间的间距不仅在交付使用之前的检验期间，而且在电梯的整个使用寿命期中应保持规定的间距。电梯井道内表面与轿厢地坎、轿厢门框架或轿厢门（或滑动门情况下的门口边缘）之间的水平距离不应大于 0.15m（图 2-11）。

注意：上述给出的间距可增加到 0.2m，其高度不大于 0.5m；对于采用垂直滑动门的载货电梯和非商用的汽车电梯，在整个行程内此间距可增加到 0.2m。

轿厢地坎与层门地坎之间的水平距离不得大于 35mm。轿门与闭合后层门之间的水平距离或各门之间在其整个正常操作期间的通行距离，不得大于 0.12m。如果电梯同时使用铰链式层门和折叠式轿门，则在关闭后的门之间的任何间隙内都应不能放下一个直径为 0.15m 的球（图 2-12）。

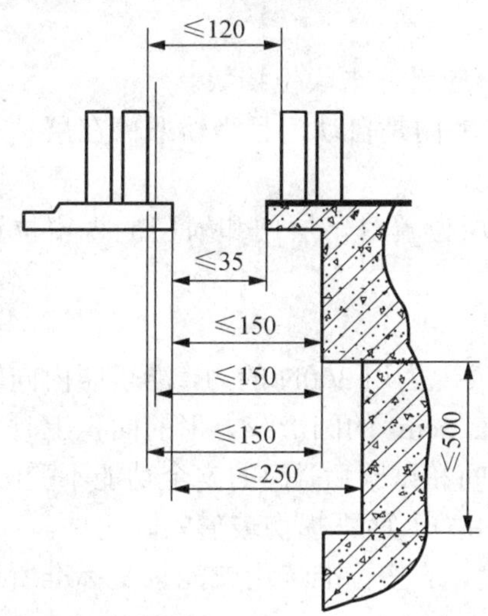

图 2-11　轿厢与面对轿厢入口的井道壁的间距

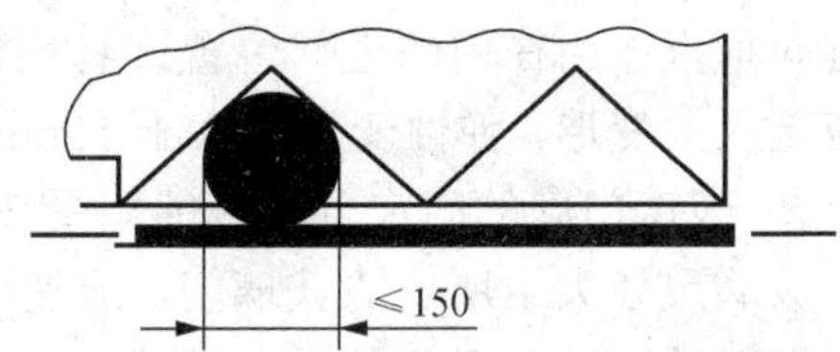

图 2-12　铰链层门和折叠轿门的间隙

井道内表面与轿厢入口框架立柱或地坎之间的水平距离不得大于 20mm。如轿厢入口的自由高度小于 2.5m，轿厢入口的上梁与井道内表面之间的水平间距应在 0.07～0.12m。此间距不允许采用活动装置去封闭。

轿厢及其连接部件与对重（如有的话）及其连接部件的距离应不小于 0.05m。

4）护脚板

（1）每一轿厢地坎上均须装设护脚板，其宽度应等于相应层站入口的整个净宽度。护脚板的垂直部分以下应成斜面向下延伸，斜面与水平面的夹角应大于 60°，该斜面在水平面上的投影长度不得小于 20mm。

（2）护脚板垂直部分的高度不应小于 0.75 m。

（3）对于采用对接操作的电梯，其护脚板垂直部分的高度应是在轿厢处于最高装卸位置时，延伸到层门地坎线以下不小于 0.10m。

5）轿厢入口

轿厢的入口应装设轿门。

6）轿门

（1）轿门应是无孔的，载货电梯除外。载货电梯可以采用向上开启的垂直滑动门，这种门可以是网状的或带孔的板状形式。网或板孔的尺寸，在水平方向不得大于10mm，垂直方向不得大于60mm。

（2）除必要的间隙外，轿门关闭后应将轿厢的入口完全封闭。

（3）门关闭后，门扇之间及门扇与立柱、门楣和地坎之间的间隙应尽可能小。对于乘客电梯，此运动间隙不得大于 6mm；对于载货电梯，此间隙不得大于 8mm。由于磨损，间隙值允许达到 10mm。如果有凹进部分，上述间隙从凹底处测量。根据要求制作的垂直滑动门除外。

（4）对于铰链门，为防止其摆动到轿厢外面，应设撞击限位挡块。

（5）如果层门有视窗，则轿门也应设视窗。若轿门是自动门且当轿厢停在层站平层位置时，轿门保持在开启位置，则轿门可不设视窗。

设置的视窗应满足要求：当轿厢停在层站平层位置时，层门和轿门的视窗位置应对齐。

（6）机械强度要求。

① 轿门处于关闭位置时，应具有的机械强度表现为用 300N 的力，沿轿厢内向轿厢外方向垂直作用在门的任何位置，且均匀地分布在 $5cm^2$ 的圆形或方形的面积上时，轿门应无永久变形，弹性变形不大于 15mm，试验期间和试验后，门的安全功能不受影响。

② 玻璃门扇的固定方式应能承受 300N 的作用力，而不损伤玻璃的固定件。

玻璃尺寸大于所述的玻璃门，应使用夹层玻璃，应按标准选用或能承受标准所述的冲击摆试验。试验后门的安全功能应不受影响。

③ 玻璃门的固定件，应确保即使玻璃下沉时，也不会滑脱固定件。

④ 玻璃门扇上应有下列标记：供应商名称或商标；玻璃的种类；厚度［如（8＋0.76＋8）mm］。

⑤ 为避免拖曳孩子的手，对动力驱动的自动水平滑动玻璃门，若玻璃尺寸大于规定，应采取使危险减至最小的措施，例如：减少手和玻璃之间的摩擦系数；使玻璃不透明部分高度达 1.1m；感知手指的出现；其他等效方法。

7）轿门运动过程中的保护

轿门及其四周设计应尽可能减少由于人员、衣服或其他物件被夹住而造成损坏或伤害的危险。

为了避免运行期间发生剪切的危险，动力驱动的自动滑动门轿厢侧的门表面不应有大于 3 mm 的凹进或凸出部分，这些凹进或凸出部分的边缘应在开门运行方向上倒角（有孔门除外）。

动力驱动门应尽量减少门扇撞击人的有害后果，为此应满足下列要求。在轿门和层门联动情况下，联动门机构应符合下列要求。

（1）水平滑动门。动力驱动的自动门满足以下要求。

① 阻止关门力不应大于 150N，这个力的测量不得在关门行程开始的 1/3 内进行。

② 轿门及其刚性连接的机械零部件的动能，在平均关门速度下测量或计算时不应大于 10J。

③ 滑动门的平均关门速度的计算方法为对中分式门，在行程的每个末端减去 25mm；对旁开式门，在行程的每个末端减去 50mm。

④ 阻止折叠门开启的力不应大于 150 N。这个力的测量应在门处于下列折叠位置时进行，即折叠门扇的相邻外缘间距或与等效件（如门框）距离为 100mm 时进行。

⑤ 如果折叠门进入一个凹口内，则折叠门的任何外缘和凹口交叠的距离不应小于 15mm。

动力驱动的非自动门满足：在使用人员连续控制和监视下，通过持续揿压按钮或类似方法（持续操作运行控制）关闭门时，当按计算或测量的动能大于 10J 时，最快门扇的平均关闭速度不应大于 0.3m/s。

（2）垂直滑动门。这种形式的滑动门只能用于载货电梯。

如果能同时满足下列条件，才能使用动力关闭的门：①门的关闭是在使用人员持续控制和监视下进行的；②门扇的平均关闭速度不大于 0.3m/s；③轿门是规定的结构；④在层门开始关闭之前，轿门至少已关闭到 2/3。

8）关门过程中的反开

对于动力驱动的自动门，在轿厢控制盘上应设有一个装置，能使处于关闭中的门反开。

9）验证轿门闭合的电气装置

（1）除特殊情况外，如果一个轿门（或多扇轿门中的任何一扇门）开着，在正常操作情况下，应不能起动电梯或保持电梯继续运行，然而可以进行轿厢运行的预备操作。

（2）每个轿门应设有符合要求的电气安全装置，以证实轿门的闭合位置，从而满足上述（1）所提出的要求。

（3）如果轿门需要上锁，该门锁装置的设计和操作应采用与层门门锁装置类似的结构。

10）机械连接的多扇滑动门

（1）如果滑动门是由数个直接机械连接的门扇组成，允许把规定的装置安装在一个门扇上（对重叠式门为快门扇）；如果门的驱动元件与门扇之间是由直接机械连接的，则在门的驱动元件上，且在规定的条件和情况下，只锁住一个门扇，则应采用钩住重叠式门的其他闭合门扇的方法，使如此单一门扇的锁紧能防止其他门扇的打开。

（2）如果滑动门是由数个间接机械连接（如钢丝绳、皮带或链条）的门扇组成，允许将装置安装在一个门扇上，条件是该门扇不是被驱动的门扇，且被驱动门扇与门的驱动元件是直接机械连接的。

11）轿门的开启

（1）如果电梯由于任何原因停在靠近层站的地方，为允许乘客离开轿厢，在轿厢停止并切断开门机（如有）电源的情况下，应有可能从层站处用手开启或部分开启轿门；如层门与轿门联动，从轿厢内用手开启或部分开启轿门及与其相连接的层门。

开门所需的力不得大于 300N。电梯应只有轿厢位于开锁区域内时才能从轿厢内打开轿门。

（2）额定速度大于 1m/s 的电梯在其运行时，开启轿门的力应大于 50N。

12）轿厢安全窗和轿厢安全门

（1）援救轿厢内乘客应从轿外进行，尤其应遵守紧急操作的规定。

（2）如果轿顶有援救和撤离乘客的轿厢安全窗，其尺寸不应小于 0.35m×0.50m。

（3）在有相邻轿厢的情况下，如果轿厢之间的水平距离不大于 0.75m，可使用安全门。安全门的高度不应小于 1.80m，宽度不应小于 0.35m。

（4）如果装设轿厢安全窗或轿厢安全门，则它们应符合规定，并遵守下列条件。

轿厢安全窗或轿厢安全门，应设有手动上锁装置。

① 轿厢安全窗应能不用钥匙从轿厢外开启，并应能用图 2-10 所示的三角形钥匙从轿厢内开启。轿厢安全窗不应向轿内开启。轿厢安全窗的开启位置，不应超出电梯轿厢的边缘。

② 轿厢安全门应能不用钥匙从轿厢外开启，并应能用规定的三角钥匙从轿厢内开启。轿厢安全门不应向轿厢外开启。轿厢安全门不应设置在对重（或平衡重）运行的路径上，或设置在妨碍乘客从一个轿厢通往另一个轿厢的固定障碍物（分隔轿厢的横梁除外）的前面。

如果锁紧失效，该装置应使电梯停止。只有在重新锁紧后，电梯才有可能恢复运行。

13）轿顶

除了规定要求外，轿顶应满足下列要求。

（1）在轿顶的任何位置上，应能支撑两个人的体重，每个人按 0.20m×0.20m 面积上作用 1000N 的力，应无永久变形。

（2）轿顶应有一块不小于 $0.12m^2$ 站人用的净面积，其短边不应小于 0.25m。

（3）离轿顶外侧边缘有水平方向超过 0.30m 的自由距离时，轿顶应装设护栏。

（4）自由距离应测量至井道壁，井道壁上有宽度或高度小于 0.30m 的凹坑时，允许在凹坑处有稍大一点的距离。

（5）护栏应满足下列要求。

① 护栏应由扶手、0.10m 高的护脚板和位于护栏高度一半处的中间栏杆组成。

② 考虑到护栏扶手外缘水平的自由距离，扶手高度：当自由距离不大于 0.85m 时，不应小于 0.70m；当自由距离大于 0.85m 时，不应小于 1.10m。

③ 扶手外缘和井道中的任何部件［对重（或平衡重）、开关、导轨、支架等］之间的水平距离不应小于 0.10m。

④ 护栏的入口，应使人员安全和容易地通过，以进入轿顶。

⑤ 护栏应装设在距轿顶边缘 0.15 m 之内的位置。

（6）在有护栏时，应有关于俯伏或斜靠护栏危险的警示符号或须知，固定在护栏的适当位置。

（7）轿顶所用的玻璃应是夹层玻璃。

（8）固定在轿顶上的滑轮和（或）链轮应按要求设置防护装置。

14）轿厢上护板

当层门打开时，如果层门的门楣与轿顶之间存在空隙，应在轿厢入口的上部用一覆盖整个层门宽度的刚性垂直板向上延伸，将其挡住。对对接操作的电梯特别有这种可能。

15）通风

（1）无孔门轿厢应在其上部及下部设通风孔。

（2）位于轿厢上部及下部通风孔的有效面积均不应小于轿厢有效面积的 1%。轿门四周的间隙在计算通风孔面积时可以考虑进去，但不得大于所要求的有效面积的 50%。

（3）通风孔的设置应满足：用一根直径为 10mm 的坚硬直棒，不能从轿厢内经通风孔穿过轿壁。

16）照明

（1）轿厢应设置永久性的电气照明装置，控制装置上的照度宜不小于 50lx，轿厢地板上的照度宜不小于 50lx。

（2）如果照明是白炽灯，至少要有两只并联的灯泡。

（3）使用中的电梯，轿厢应有连续照明。对动力驱动的自动门，当轿厢停在层站上，按门自动关闭时，则可关断照明。

（4）应有自动再充电的紧急照明电源，在正常照明电源中断的情况下，它能至少供 1W 灯泡用电 1h。在正常照明电源一旦发生故障的情况下，应自动接通紧急照明电源。

6. 对重安全作业

在进行对重安全作业时，应当遵循《电梯制造与安装安全规范》（GB/T 7588—2003）对对重作业的安全要求。

（1）平衡重允许使用的两种驱动方式为曳引式，即使用曳引轮和曳引绳；强制式，即使用卷筒和钢丝绳，以及使用链轮和链条。

对强制式电梯额定速度不应大于 0.63m/s，不能使用对重，但可使用平衡重。

在计算传动部件时，应考虑到对重或轿厢压在其缓冲器上的可能性。

（2）如对重（或平衡重）由对重块组成，应防止它们移位，可采取下列措施：①将对重块固定在一个框架内；②对于金属对重块，当电梯额定速度不大于 1m/s 时，应至少用两根拉杆将对重块固定住。

（3）装在对重（或平衡重）上的滑轮和（或）链轮应按要求设置防护装置。

7. 曳引绳安全作业

在进行曳引绳安全作业时，应当遵循《电梯制造与安装安全规范》（GB/T 7588—2003）对曳引绳作业的安全要求。

1）悬挂装置

（1）轿厢和对重（或平衡重）应用钢丝绳或平行链节的钢质链条或滚子链条悬挂。

（2）钢丝绳应符合下列要求：①钢丝绳的公称直径不小于 8mm；②对于单强度钢丝绳，钢丝的抗拉强度宜为 1570MPa 或 1770MPa；③对于双强度钢丝绳，外层钢丝抗拉强度宜为 1370MPa，内层钢丝抗拉强度宜为 1770MPa。

（3）钢丝绳的其他特性（延伸率、圆度、柔性、试验等）应符合《电梯制造与安装安全规范》（GB/T 7588—2003）的规定。

（4）钢丝绳或链条最少应有两根，每根钢丝绳或链条应是独立的。

（5）若采用复绕法，应考虑钢丝绳或链条的根数而不是其下垂根数。

2）曳引轮、滑轮和卷筒的绳径比，钢丝绳或链条的端接装置

（1）不论钢丝绳的股数多少，曳引轮、滑轮或卷筒的节圆直径与悬挂绳的公称直径之比应不小于 40。

（2）悬挂绳的安全系数应按标准计算。在任何情况下，其安全系数应不小于下列值：①对于用 3 根或 3 根以上钢丝绳的曳引驱动电梯为 12；②对于用两根钢丝绳的曳引驱动电梯为 16；③对于卷筒驱动电梯为 12。

安全系数是指装有额定载荷的轿厢停靠在最低层站时，一根钢丝绳的最小破断负荷与这根钢丝绳所受的最大力之间的比值。

（3）钢丝绳与其端接装置的结合处按下述①规定，至少应能承受钢丝绳最小破断负荷的 80%。

① 钢丝绳末端应固定在轿厢、对重（或平衡重）或系结钢丝绳固定部件的悬挂部位上。固定时，须采用金属或树脂填充的绳套、自锁紧楔形绳套、至少带有 3 个合适绳夹的鸡心环套、手工捻接绳环、环圈（或套筒）压紧式绳环或具有同等安全的任何其他装置。

② 钢丝绳在卷筒上的固定，应采用带楔块的压紧装置，或至少用两个绳夹或具有同等安全的其他装置，将其固定在卷筒上。

（4）悬挂链的安全系数不应小于 10。悬挂链安全系数的定义与上述②中所述钢丝绳的安全系数的定义相似。

（5）每根链条的端部应用合适的端接装置固定在轿厢、对重（或平衡重）或系结链条固定部件的悬挂装置上，链条和端接装置的接合处至少应能承受链条最小破断负荷的 80%。

3）钢丝绳曳引

钢丝绳曳引应满足以下 3 个条件。

（1）轿厢装载至125%规定额定载荷的情况下应保持平层状态不打滑。

（2）必须保证在任何紧急制动的状态下，不管轿厢内是空载还是满载，其减速度的值不能超过缓冲器（包括减行程的缓冲器）作用时减速度的值。

（3）当对重压在缓冲器上而曳引机按电梯上行方向旋转时，应不可能提升空载轿厢。

8. 电气设备安装

在进行电气设备安装时，应当遵循《电梯制造与安装安全规范》（GB/T 7588—2003）对电气设备安装的安全要求。

本标准对电气安装和电气设备组成部件的各项要求适用于动力电路主开关及其从属电路和轿厢照明电路开关及其从属电路。

1）电气安装的绝缘电阻

在机房和滑轮间内，必须采用防护罩壳以防止直接触电。所用外壳防护等级不低于IP2X。在安装绝缘电阻时应注意，绝缘电阻应测量每个通电导体与地之间的电阻。绝缘电阻的最小值应按照表2-6来取值。

表 2-6 绝缘电阻与电压之间的关系

标称电压/V	测试电压（直流）/V	绝缘电阻/MΩ
安全电压	250	≥0.25
≤500	500	≥0.50
>500	1000	≥1.00

当电路中包含电子装置时，测量时应将相线和中性线连接起来。对于控制电路和安全电路，导体之间或导体对地之间的直流电压平均值和交流电压有效值均不应大于250V。导体之间和导体对地之间的绝缘电阻必须大于1000Ω，并且其值不得小于0.5MΩ（动力电路和电气安全装置电路）或0.25MΩ［其他电路（控制、照明、信号等）］。中性线和地线始终分开。

2）接触器、继电接触器、安全电路元件

主接触器的类型：①AC-3，用于交流电动机的接触器。②DC-3，用于直流电源的接触器。此外，这些接触器应允许起动操作次数的10%为点动运行。由于承受功率的原因，必须使用继电接触器去操作主接触器时，继电接触器的类型为AC-11，用于控制交流电磁铁。③DC-11，用于控制直流电磁铁。

对于上述的主接触器和继电接触器，可针对故障情况采取以下措施：①如果动断触点（常闭触点）中一个闭合，则全部动合触点断开；②如果动合触点（常开触点）中一个闭合，则全部动断触点断开。

如果使用的继电器，其动断和动合触点，不论衔铁处于任何位置均不能同时闭合，那么衔铁不完全吸合的可能性可不予考虑。连接在电气安全装置之后的装置（如果有）应符合爬电距离和电气间隙的要求（不是分断距离）。

3）电动机的保护

直接与电源连接的电动机应进行短路保护。直接与电源相连的电动机应采用手动复位的自动断路器进行过载保护，该断路器应切断电动机的所有供电。当过载检测是基于电动机绕组温升时，则断路器可在绕组充分冷却后自动闭合。如果电动机具有多个不同电路供电的绕组，则上述的规定适用于每一绕组。当电梯电动机由电动机驱动的直流发电机供电时，该电梯电动机也应该设过载保护。如果一个装有温度监控装置的监控设备的温度超过了其设计温度，电梯不应再继续运行，此时轿厢应停在层站，以便乘客能离开轿厢。电梯应在充分冷却后才能自动恢复正常运行。

4）主开关

在机房中，每台电梯都应单独装设一只能切断该电梯所有供电电路的主开关。该开关应具有切断电梯正常使用情况下最大电流的能力。该开关不应切断下列供电电路：①轿厢照明或通风（如有的话）；②轿顶电源插座；③机房和滑轮间照明；④机房内电源插座；⑤电梯井道照明；⑥报警装置。

上述规定的主开关应具有稳定的断开和闭合位置，并且在断开位置时应能用挂锁或其他等效装置锁住，以确保不会出现误操作。

应能从机房入口处方便、迅速地接近主开关的操作机构。如果机房为几台电梯共用，则各台电梯主开关的操作机构应易于识别。

如果机房有多个入口或同一台电梯有多个机房，而每一机房又有各自的一个或多个入口，则可以使用一个断路器接触器，其断开应由电气安全装置控制，该装置接入断路器接触器线圈供电回路。断路器接触器断开后，除借助上述安全装置外，断路器接触器不应被重新闭合或不应有被重新闭合的可能。断路器接触器应与一个手动分断开关连用。

对于一组电梯，当一台电梯的主开关断开后，如果其部分运行回路仍然带电，这些带电回路应能在机房中被分别隔开，必要时可切断组内全部电梯的电源。任何改善功率因数的电容器，应连接在动力电路主开关的前面。如果有过电压的危险，例如，当电动机由很长的电缆连接时，动力电路开关也应切断与电容器的连接线。

5）照明与插座

轿厢、井道、机房和滑轮间照明电源须与电梯驱动主机电源分开，可通过另外的电路或通过与主开关供电侧相连，而获得照明电源。轿顶、机房、滑轮间及底坑所需的插座电源，应取自上述的电路。这些插座是 2P＋PE 型 250V，直接供电；或根据《建筑物电气装置》（GB 16895.21—2011）的规定，以安全电压供电。

上述插座的使用并不意味着其电源线必须具有相应插座额定电流的截面积，只要导线有适当的过电流保护，其截面积可以小一些。

照明和插座电源的控制应有一个控制电梯轿厢照明和插座电路电源的开关。如果机房中有几台电梯驱动主机，每台电梯轿厢均应设置一个开关，此开关应设置在相应的主开关近旁。机房内靠近入口处应有一个开关或类似装置来控制机房照明电源。井道照明开关（或等效装置）应在机房和底坑分别装设，以便这两个地方均能控制井道照明。

9. 电气故障及防护

关于电气故障及防护应遵循《电梯制造与安装安全规范》(GB/T 7588—2003）对电气故障及防护的安全要求。

1）故障分析

任何单一电梯电气设备故障，如果在对于符合安全触点正常动作的条件下，其本身不应成为导致电梯危险故障的原因。而在安全回路中，可能出现的故障有：①无电压；②电压降低；③导线（体）中断；④对地或对金属构件的绝缘损坏；⑤电气元件的短路或断路以及参数或功能的改变，如电阻器、电容器、晶体管、灯等；⑥接触器或继电器的可动衔铁不吸合或吸合不完全；⑦接触器或继电器的可动衔铁不释放；⑧触点不断开；⑨触点不闭合；⑩错相。

如果电路接地或接触金属构件而造成接地，该电路中的电气安全装置应使电梯驱动主机立即停止运转；在第一次正常停止运转后，防止电梯驱动主机再启动。恢复电梯运行只能通过手动复位。

2）电气安全保护措施

（1）直接触电的保护。绝缘是防止发生直接触电和电气短路的基本措施。

（2）间接触电的保护。在电源中性点直接接地的供电系统中，防止触电的防护措施是将故障时可能带电的电气设备外露可导电部分与供电变压器的中性点进行电气连接。

（3）电气故障防护。按规定交流电梯应有电源相序保护，直接与电源相连的电动机照明电路应有短路保护，与电源直接相连的电动机应该还有过载保护。

（4）电气安全装置。电气安全装置包括直接切断驱动主机电源接触器或中间继电器的安全触点；不直接切断上述接触器或中间继电器的安全触点和不满足安全触电要求的触点。但当电梯电气设备出现故障，电气安全装置应能防止出现电梯危险状态。

内、外部电感或电容的作用不应引起电气安全装置失灵。一个电气安全装置发出的信号，不应被同一电路中设置在其后的另一个电气安全装置发出的外来信号所改变，以免造成危险后果。在含有两条或更多平行通道组成的安全电路中，一切信息，除奇偶校验所需要的信息外，应仅取自一条通道。记录或延迟信号的电路，即使发生故障，也不应妨碍或明显延迟由电气安全装置作用而产生的电梯驱动主机停机，即停机应在与系统相适应的最短时间内发生。内部电源装置的结构和布置，应防止由于开关作用而在电气安全装置的输出端出现错误信号。

上述安全保护装置对于保证电梯安全运行起到不可替代的保护作用。在实际校验中，必须按着有关法规和标准规定，逐项进行认真的校验，绝不能疏忽大意。安全保护装置安全可靠，电梯安全运行也就有了可靠的保证。

2.3 电梯维修安全技术

2.3.1 电梯维修安全一般要求

（1）维修人员必须经过安全和技术培训并考试合格，经有资格的主管单位批准方可上岗。

（2）定期体检，凡患有心脏病、精神病、癫痫病、聋哑、色盲等疾病的人，不能从事电梯维修工作。

（3）设立检修负责人统一指挥检修工作，负责人应由有经验的从事维修工作 3 年以上者担任。

（4）从事电梯电气设备的维修人员，应持有有关部门核发的特种（电工）作业证。

（5）对工作认真负责，遵守规章制度，上班前不喝酒，有充足睡眠。

（6）工作时应穿戴劳动保护用品（工作服、安全帽、绝缘鞋等），携带验电笔（使用前应验明验电笔完好）。

（7）对绝缘工具、手持电动工具进行经常性检查，定期做预防性试验。对绝缘强度不够、绝缘开裂或脱落损坏的工具应及时更换。

（8）熟练掌握触电急救法和灭火器材的使用。

（9）对链式起重机、钢丝绳套、滑轮、绳索、支撑木、脚手板等工器具，使用前应认真检查，确认无损坏方可使用。使用中注意其承载能力，防止过载。开闸扳手、盘车手轮应齐备好用。

（10）禁止带无关人员进入机房和井道，检修时无关人员应离开操作现场。

（11）定期进行安全技术学习，增强安全生产意识，提高技术水平。

2.3.2 电梯维修安全相关技术

1. *无机房电梯维修安全技术*

无机房电梯问世以来，能够将几乎所有的机器设备都安装在井道内，除了对井道的实际空间要求之外，对建筑设计的限制几乎没有，因此在市场上得以迅速推广，成为各大电梯制造商着力开发的主要产品之一。

无机房电梯由于主要的机器设备全都安装在井道内，对这些设备的维修保养都需要在轿顶区域内进行，工作空间狭小，增加了许多危险性，因此操作中必须按照特殊的维修保养安全步骤进行。由于没有机房，无机房电梯的维修保养工作经常需要作业人员在顶层层站出入口出现。通常情况下，顶层层站出入口位置会有路人经过，因此作业人员在对无机房电梯进行维修保养时一定要注意采取相应的安全隔离防护措施。作业过程中，不仅需要保障作业人员自身的绝对安全，更要严格防止可能出现的一些无关人员带来的安全隐患。当在顶层层站出入口工作时，应限定在尽可能小的楼面区域内和尽可能短的时间内完成。同时在维修保养的作业过程中，还应尽量避免将保养用工具放置在层站楼面上，并处于无人保管状态。

无机房电梯的很多检修及操作功能都由层站检修面板提供。维护保养人员和营救人员应能及时获得层站检修面板的钥匙。在层站面板进行检修或救援操作应按正确的步骤进行，操纵电梯运行前必须确认轿厢内人员状况，并且只允许电梯运行在手动及应急救援状态下。作业结束后及在没有作业人员看护时，应使层站检修面板处于关闭锁紧状态。不合格人员的随意操作可能会造成巨大的危害，甚至是人身伤害。

2. 有机房电梯维修安全技术

（1）多人配合维修电梯时，要做到思想集中，相互之间有呼有应，做好配合工作。

（2）如果要用三角钥匙打开厅门，一定要看清楚轿厢的位置，不要想当然地认为电梯一定就在某个位置。

（3）打开厅门进入轿顶时，不能立即关门，首先要把检修开关置于检修挡，按下急停开关，打开轿顶灯，在轿顶站稳后方能关上厅门。

（4）出轿顶时，首先要打开厅门，再将轿顶检修开关、急停开关、照明开关等一一复位，到达厅外后再关上厅门（如果人站立在厅外能操作到以上开关，应站到厅外后再复位以上开关）。

（5）轿厢运行时，不要把身体探到栏杆之外，不要在骑跨处作业。

（6）在轿顶时，遇到电梯失控运行，一定要保持镇定，应抓牢可扶之物，在安全处蹲稳，不能企图开门跳出。

（7）在底坑工作时，应该切断底坑检修箱的安全开关。爬出底坑时，一定要保证厅门在打开状态下，方能接通地坑的安全回路，然后迅速爬出底坑（如果在厅外能操作安全开关，应在人爬出底坑后接通安全开关，然后再关门）。

（8）如果必须要短接门锁检查电梯门锁故障时，一定要保证电梯处于检修状态。检查完毕后，务必先断开门锁短接线后才能让电梯复位到正常状态。

（9）检修有应急装置的电梯，在使用应急开关时，务必保证厅门处于关闭状态，防止他人跌入井道。进入地坑工作，如果 1 楼厅门必须开着，应在厅门外挂警戒标志或有专人看护，防止他人跌入地坑。

（10）当需要切断电源检修电梯时，应挂上“有人操作，禁止合闸”的警示牌。在进行带电操作或使用电动工具时，要切实做好防止触电的安全措施。

案例 2-3：1990 年 12 月，哈尔滨某饭店，旅客孙某办理完住宿手续后，从 1 楼乘电梯到 19 楼。当轿厢行至 10 楼时，有两名旅客出电梯，于是孙某便走出轿厢，给出电梯人员让路。当他再次返回电梯轿厢时，电梯却在开门的状态下突然上升，致使孙某脚踩空，而坠落到电梯井道底坑，当即死亡。

事故原因：维修电工在电梯正在使用时，违章检修。维修电工在未通知电梯操作人员的情况下，将层门联锁、轿门联锁短接，而在机房操纵电梯，致使停在 10 楼的电梯轿厢在没有关闭的状况下突然上升，导致旅客坠入井道底坑，摔伤死亡。

某厂电梯检修人员站在轿顶检查门刀与门球配合情况，要求操作人员慢车进行。操作人员没听清，误以为快车运行，检修人员头碰地坎牛腿当场身亡。

事故原因：多人配合维修电梯时，未做到思想集中，相互之间配合不好，导致误操作，使检查人员身亡。

3. 进入轿顶的安全技术

（1）必备的工具：厅门钥匙、手电筒、厅门限位器。

（2）将安全警示障碍护栏放置在将要进入的那台电梯首层的厅门入口处，将电梯呼至首层，检查是否有乘客搭乘，确保电梯轿厢里没有乘客。将电梯呼至要上轿顶的楼层，在电梯内分别按下下一层和首层的内呼按钮，将电梯停到下一楼层或便于上轿顶的位置。

（3）使用恰当的进入设备（如三角钥匙）打开厅门，使用厅门限位器将门关至最小，按外呼按钮，观察（至少 10s）轿厢运行情况，不运行视为验证厅门回路有效。

（4）观察电梯轿顶距厅门地坎的高度差，应不超过±20cm；如果大于±20cm，重复操作使电梯轿顶与厅门地坎高度差小于±20cm。

（5）重新打开厅门，固定厅门限位器，扶靠墙壁并伸手按下轿顶急停开关，关闭厅门，按外呼按钮；观察轿厢运行情况，不运行视验证轿顶急停开关有效（轿顶急停开关距轿门上坎边应为 750mm）。

（6）重新打开厅门，固定厅门限位器，扶靠墙壁并伸手将轿顶照明打开，检修开关拨至“检修”位置，然后拔出急停开关，关闭厅门，按外呼按钮，观察轿厢运行情况，不运行视验证轿顶“检修”开关有效。

（7）重新打开厅门，固定厅门限位器，扶靠墙壁并伸手按下急停开关，可以安全进入轿顶，关闭厅门；拔出轿顶急停开关，同时按“上行”和“共用”按钮，再同时按“下行”和“共用”按钮，分别验证上述开关有效，验证时运行 20cm 左右。

（8）在电梯轿顶作业、电梯停止运行时，应立刻按下电梯轿顶急停开关，确保电梯停止状态。

（9）如电梯尚未安装外呼按钮，或是已脱离了群控及并联，可以通过两名员工互相沟通，一人在轿厢内按内呼按钮的方法，来完成上述（3）、（5）、（6）的验证，电梯不运行视分别验证厅门回路有效、轿顶急停开关有效和轿顶检修开关有效。

注意：在上述验证的步骤中，验证的等待时间至少为 10s。

4. 退出轿顶的安全技术

开动电梯至某个楼层，使轿顶（作业者站立的工作面）不高于厅门地坎 20cm，不低于厅门地坎 20cm。

（1）同一楼层进出。按下轿顶急停开关，打开厅门，固定厅门限位器，作业者退出轿顶，关闭照明，将检修开关拨回“正常”模式，拔出轿顶急停开关，取出厅门限位器，关闭厅门，确认电梯恢复（群控或并联）正常。

（2）不同楼层进出。按下轿顶急停开关，在轿顶上打开厅门，固定厅门限位器将门关至最小，拔出轿顶急停开关，按“上行”和“共用”按钮或“下行”和“共用”按钮，不运行视验证厅门安全回路有效后，按下急停开关，打开厅门，固定厅门限位器，作业者退出轿顶，关闭照明，将检修开关拨回“正常”模式，拔出轿顶急停开关，取出厅门限位器，关闭厅门，确认电梯恢复（群控或并联）正常。

5. 进入底坑的安全技术

1）上下配合式：A 员工在轿顶，B 员工下底坑

（1）必备工具：厅门钥匙、手电筒、厅门限位器。

（2）A 员工用进入轿顶的方法进入轿顶，以检修速度将电梯开至最底层厅门上坎略高处，按下轿顶急停开关；通知（用通信工具）在最底层厅门外的 B 员工。

（3）B 员工得知 A 员工确定信息后，放好厅门安全警示障碍护栏。使用恰当的进入设备（三角钥匙）打开厅门，用厅门限位器将厅门可靠固定在最小的开启位置，通知 A 员工拔出轿顶急停开关、以检修速度运行电梯，电梯不运行视验证厅门回路有效。

（4）B 员工重新打开厅门，以标准姿势开足厅门，用厅门限位器固定厅门，扶靠墙壁伸手进入井道，打开照明开关，按下底坑上急停开关，关门后，通知 A 员工以检修速度运行电梯，不运行视验证底坑上急停开关有效。

（5）B 员工重新打开厅门，以标准姿势开足厅门，用厅门限位器固定厅门，沿爬梯进入底坑，按下底坑下急停开关，沿爬梯退出底坑，扶靠墙壁伸手拔出上急停开关，关门后，通知 A 员工以检修速度运行电梯，不运行视验证底坑下急停开关有效。

（6）B 员工重新打开厅门，以标准姿势开足厅门，用厅门限位器固定厅门，沿爬梯进入底坑，在底坑作业时将厅门关闭，由 A、B 员工上下配合工作。

2）内外配合式：A 员工在梯厅，B 员工下底坑

（1）必备的工具：厅门钥匙、手电筒、厅门限位器。

（2）放好厅门安全警示障碍护栏，将电梯呼至最底层，检查是否有搭乘乘客，确保电梯轿厢里没有乘客。在电梯内分别按上一层及最高层内呼按钮。

（3）B 员工让电梯在上行时打开厅门（切勿在平层），使用厅门限位器将门关至最小；按外呼按钮，观察（至少 10s）轿厢运行情况，不运行视验证厅门回路有效。

（4）B 员工重新打开厅门，以标准姿势开足厅门，用厅门限位器固定厅门，扶靠墙壁打开照明开关，按底坑上急停开关；关门后，按外呼按钮，观察轿厢运行情况，不运行视验证底坑上急停开关有效。

（5）B 员工重新打开厅门，以标准姿势开足厅门，用厅门限位器固定厅门，沿爬梯

进入底坑，按底坑下急停开关；沿爬梯退出底坑，扶靠墙壁伸手拔出上急停开关；关门后，按外呼按钮，观察轿厢运行情况，不运行视验证底坑下急停开关有效。

（6）B 员工重新打开厅门，扶靠墙壁，顺爬梯进入底坑。

（7）A 员工将厅门可靠固定在最小的开启位置，B 员工开始进行底坑工作，A、B 员工内外呼应。

（8）如电梯尚未安装外呼按钮，或是已脱离了群控及并联，两名员工可以通过互相沟通，一人在轿厢内通过按内呼按钮的方法，来完成上述（3）、（4）、（5）的验证，电梯不运行时分别验证厅门回路是否有效和底坑上、下急停开关是否有效。

在上述验证的步骤中，验证的等待时间至少为10s。

6. 退出底坑的安全技术

（1）打开厅门，将厅门固定在开启位置。

（2）顺爬梯爬出底坑，关闭照明开关，拔出急停开关。

（3）关闭厅门。

（4）确认电梯恢复正常。

注意：在上述验证过程中，如发现任何安全回路失效，应立即停止操作，先修复电梯故障，如不能立即修复，则须将电梯断电、上锁、设标记牌。

2.4 电梯改造安全技术

2.4.1 电梯改造安全一般要求

1. 电梯改造的概念

电梯的重大改装是指下列一项或几项内容的改变。①改变：额定速度；额定载重量；轿厢质量；行程；门锁装置的类型（相同类型门锁装置的更换不作为重大改装考虑）。②改变或更换：控制系统；导轨或导轨类型；门的类型（或增加一个或多个层门或轿门）；电梯驱动主机或曳引轮；限速器；缓冲器；安全钳装置。

2. 电梯改造基本要求

（1）制定全国统一的有关电梯改造的管理规定。

（2）制定全国统一的电梯改造单位资格认可管理办法。

（3）对电梯改造方案的内容做出规定。改造方案应至少包括以下内容：①电梯改造前的安全和运行状况描述；②改造后达到的效果及安全状况评估；③改造前后电梯的主参数，如额定速度、额定载重量、提升高度、层站数、控制和拖动方式、噪声、平层准确度、起动加速度、制动减速度、平均加减速度、振动加速度等；④有关设计图纸和说明；⑤必要的设计计算，如顶部和底坑空间、电动机功率、曳引能力、曳引绳在轮槽中的比压、制动器制动力矩、曳引绳安全系数、平衡系数、导轨的强度以及限速器、安全钳、缓冲器等的设计配置等；⑥拟改造、更换零部件的原始设计参数、型号规格、产地和改造后的设计参数、型号规格、产地及产品合格证、生产许可证或安全认可证等，其中门锁装置、限速器、安全钳、缓冲器还须提供型式试验报告副本；⑦改造施工风险评估及安全防护措施。

（4）加强电梯改造后的验收检验工作。按照《电梯监督检验规程》的要求，改造后的电梯应进行验收检验。电梯改造后，其特性发生了改变，为了验证改造后的电梯是否满足《电梯制造与安装安全规范》（GB/T 7588—2003）的基本安全要求，其性能、功能等是否达标，检验单位必须按照《电梯监督检验规程》中对验收检验规定的内容进行检验，这样才能较全面地反映电梯改造后的状况。检验中应特别注意考核电梯改造后的安全性能和综合性能指标，以及被改造部分的实际运行效果。

2.4.2　电梯改造安全相关技术

对旧电梯进行更新或改造时，需拆除整部或部分电梯设备，这是安全技术性很强的操纵，也是最轻易被人们忽视而造成严重后果的工作。例如，拆除轿壁后不设置护栏、过早拆除限速器致使闸车失灵，造成操纵者跌进井道死亡的事故等。因此，拆除旧电梯的安全操作是非常重要的，应当引起电梯更新改造施工人员的重视。

1. 电梯改造前的准备工作

（1）技术预备。熟悉被拆除旧电梯的机械安装图纸及其相关土建的施工图纸；学习有关规范和安全技术文件；调查四周环境、场地、通道、水电设备管路等情况；由项目技术负责人组织有关技术、生产、安全、材料、机械、保卫等部门人员进行编制拆除电梯工程施工组织设计，评估拆梯风险，报上级技术主管部门审批后执行。

（2）现场预备。在施工现场张贴告示，悬挂安全标志，划出操作区并设置围栏或围板；清理拆梯施工现场中的临时水源、电源和设备，疏通运搬运道；切断被拆除电梯及其建筑物的电线、管线等；具体检查拆除工程所需各种机器工具、起重运输机械及机具临时库房等。

（3）组织预备。成立组织领导机构，拆梯工作应当由有资质的施工单位承担；患有高血压、贫血、恐高症等疾病的人员严禁作业；作业前作业人员必须先戴好安全帽、防护眼镜，系安全带，穿工作鞋，站在稳固的结构部位上操纵。

（4）拆除作业安全控制。拆梯工程开工前，应组织技术职员和工人学习安全操纵规程和拆梯工程施工组织设计；在项目负责人的统一指挥和监视下，技术负责人根据施工组织设计和安全技术规程对参加拆梯的施工职员进行具体的安全技术交底；从事拆梯工作的时候，应该站在专门搭设的脚手架上或者其他稳固的结构部分上操纵；拆除区四周

（如机房、电梯厅门口等）应设围栏，挂警告牌，并派专人监护，严禁无关职员逗留；拆梯应自上而下、与安装时反顺序进行，禁止数层同时拆除，当拆除某一部分的时候应防止其他部分倒塌；拆除过程中，现场照明不得使用被拆除电梯中的配电线，应另外设置配电线路；假如必须动用气割，要提前申请，务必留意防火安全；拆下较大的或者沉重的材料，应用吊绳或者起重机械及时吊下或运走，禁止向下抛掷；拆卸下来的各种材料要及时清理，分别堆放在一定位置。

2. 电梯五大系统改造安全技术

1）供电系统

高层电梯的供电系统一般都配置两路独立的供电电源，以保证电梯的用电，防止电梯的供电中断而使乘客滞留在行驶的电梯内。当一路电源发生故障或进行维修时，另一路电源自动投入。若发生意外事故或大范围地区停电使第二电源也不能供电时，这时供电系统应转换到第三电源，超高层的第三电源一般由柴油发电机供给。当第三电源也发生故障时，只有依靠蓄电池供电，一般要求蓄电池能够给各楼层的公共通道提供应急照明和应急电力，其余向电梯供电，并且能够维持电梯继续工作。

（1）主电源开关允许通过的长期电流为电动机额定电流的 1.2～1.5 倍，并应有短路保护功能。

（2）供电应采用 TN-S 系统或 TN-C-S 系统，当采用 TN-C-S 系统时，中性线和地线自进入机房后应始终分开。

（3）轿厢、井道照明和电源插座应设有隔离电器，并应有短路保护功能。

（4）电源供电电压相对于额定电压的波动应在±7%的范围内，且应保证电梯工作在最大负荷时也符合要求。

2）控制系统

控制系统是电梯技术中进步最快的领域。20 世纪 80 年代以前，电梯的控制电路基本都是由继电器组成的。80 年代末期由于引进人工智能控制技术，计算机技术才逐渐在电梯上得到应用和普及，随着计算机技术的发展和普及，价格大大降低，这就为老旧电梯控制系统的改装提供了必要的条件。同时变频技术的发展和普及，使得变频调速器的价格越来越低，使用越来越方便。

（1）控制柜内应设有供电进线及分路供电的短路保护装置。

（2）控制柜内必须设有停止开关、检修开关、上下方向按钮操作装置。

（3）应配备供电系统的断相、错相保护装置，该装置在电梯运行中断相也应起保护作用。

（4）电梯的安全系统、运行状态、层门状态、内选及外呼均应在控制柜内有显示或其他符号显示，以及主要的故障诊断功能显示。

（5）控制柜中如装有发热元件，须有自然通风或强风措施。

（6）控制柜应能良好接地，且应有易于识别的接地标志。

3）驱动系统

驱动系统的改造一方面是出于提升速度的需要。早年的一些住宅楼的电梯，尽管楼层高达十七八层，但限于当时的技术和资金的原因，大多安装的是速度为 1.0m/s 以下的电梯，随着时代的进步，人们工作生活节奏加快，这样的速度越来越不能满足人们的需求。另一方面是出于节能的需求。以前大多采用发电机供电的直流曳引机，由于这种电梯耗电量极大，早在 20 世纪末就被国家明令淘汰了。还有一些部件使用年限较长，曳引机磨损老化，需要更新。

（1）停止电梯驱动主机必须用两个独立的接触器切断电源，接触器的触点应串联于电源电路中。电梯停止时，如果其中一个接触器的主触点未打开，最迟到下一次运行方向改变时，必须防止电梯再运行。如其中一个采用静态原件应有停车时电流流动阻断情况的监控装置。

（2）电动机应设过流保护装置，其电流整定值应等于电动机的额定电流。

（3）驱动装置应满足电动机的起动力矩，并能保证电梯以 110%的额定载荷在下端站可靠启动和运行平稳。

（4）所有参与向制动轮或盘施加制动力的制动器机械部件应分两组装设。

4）安全系统

（1）安全回路不能直接接入微机控制系统。

（2）用于安全电路中的继电器，其触点必须符合要求。

（3）用于安全回路的开关必须是安全开关，即使发生粘连也能断开。

（4）曳引驱动电梯应设置轿厢受障碍或阻挡而停止下行的保护装置，该装置起作用的时间应不大于一个层站的运行时间。

5）测速装置

（1）测速装置的安装应牢固，且不能影响手动盘车装置的使用。

（2）测速装置一旦发生故障，应立即停车或应靠近平层。

（3）测速装置所使用的导线应使用屏蔽线。

3. 电梯更新选型应注意的问题

（1）井道尺寸：在轿厢的有效面积和载重量等主要指标不低于原数据的条件下，最好是在旧电梯尚在运行而于拆卸前先行丈量井道尺寸。以导轨距为基准线，从导轨支架端面向井道墙边丈量，从而确定相关中心线作为更新电梯时放样线的依据，避免因井道浇筑滑模位移造成有效空间的缩小，从而导致轿厢与相关部分的间隔过小而影响安装工作。

（2）电梯厅门尺寸：对于更新电梯来说，厅门口的净空尺寸是施工时要考虑的主要参数之一。一般情况下，厅门口两侧的水泥保护层仅有几厘米厚度，里面就是结构主钢筋，不能用切断此钢筋（对楼房结构是非常危险的）来调整厅门口的宽度或位置。要特别留意中分门或旁开门的选择。

（3）机房：更新电梯的机房设备一般都较旧梯要轻巧得多，总体上机房面积基本够用。关键是要留意曳引机的摆放位置、承重梁的承载基础、机房其他设备的总体安排与井道的位置、墙体能否配套。

（4）底坑深度：留意底坑深度和顶层高度是否和提速后的新梯相匹配（提速后其要求相应尺寸加大），在电梯设备订货之前就要全盘考虑此类题目。

（5）接地线（PE）：新建筑物均已采用世界通用的三相五线制，但在用旧梯大部分仍为三相四线制。为了使新、旧标准兼容以符合“单独地线”的要求，较为简单的方法是按《电梯工程施工质量验收规范》（GB 50310—2002）中规定的 TN-C-S 系统接线即可满足要求（有特殊要求的除外）。

思 考 题

1．电梯安全回路有哪些？

2．门锁回路的作用是什么？在检查门锁回路故障时应注意哪些问题？

3．井道上、下减速限位的作用是什么？

4．哪些因素可能造成轿厢的超速或坠落？

5．进入轿顶的安全步骤是什么？

6．电梯改造方案的内容包括什么？

7．电梯在更新选型上应注意哪些因素？

第 3 章　电梯运行安全技术

3.1　电梯操作安全

3.1.1　电梯操作安全规程

1. 电梯驾驶人员安全操作规程

1）基本要求

（1）电梯驾驶人员必须是身体健康、无妨碍本工种工作疾病的人员。

（2）电梯驾驶人员必须经地、市级质量技术监督安全监察机构的安全技术培训合格后方可上岗。

（3）电梯驾驶人员必须熟悉所操作电梯的性能、功能，认真阅读本台电梯的使用维护说明书。

（4）电梯驾驶人员必须操作有安全合格标志且在有效期内的电梯。

2）电梯行驶前的检查和准备

（1）开启层门进入轿厢之前，需要注意轿厢是否停在该层。

（2）轿厢内必须有足够的照明，在使用前必须先将照明灯打开。

（3）每天开始工作前，将电梯上下空载运行数次，无异常现象后方可使用。

（4）层门关闭后，从层门外不能用手拨启，当层门、轿门未关闭时电梯不能正常起动。

（5）平层精确度应无明显变化。

（6）经常清洁轿厢内、层门及乘客可见部分。

3）电梯行驶中的注意事项

（1）在服务时间内，不可擅自离岗，如必须离岗时或电梯停用时，应断开电源并将厅门关闭锁好。

（2）驾驶人员应负责监督控制轿厢的载重量，不得超载使用电梯，乘客电梯不允许作货梯使用。

（3）不允许装载易燃、易爆的危险品，如遇特殊情况，需经电梯安全管理负责人员同意和批准并制定安全保护措施后才可装运。

（4）严禁在层门开启的情况下，起动或保持电梯检修和正常运行状态；也不允许用检修操作来代替电梯正常运行操作。

（5）电梯的厅门、层门电气开关等安全装置不能短接，也不可用其他物件塞住，致其失效而不能起到应有的安全作用。

（6）不允许利用轿顶安全窗、轿厢安全门的开启，来装运长物件。

（7）应劝阻乘客在行驶中，勿倚靠在轿厢门上。

（8）轿厢顶上部，除电梯固有设备外，不得放置他物。

（9）当电梯运行时不得对电梯进行擦油、润滑等工作或对电梯部件进行修理。

（10）在行驶中应用按钮开关或手柄开关来“开”或“停”，不可利用电源开关或限位开关等安全装置来“开”或“停”电梯，更不可利用物件塞住控制开关来开动轿厢上下运行。

（11）行驶中，驾驶人员和随乘人员不可把手、头、脚伸出轿外，也不可在厅门外把手、头、脚伸入井道内，以防轧碰事故。

4）电梯故障停用

当发生以下故障时，电梯应立即停用，并报管理人员或检修人员及时进行修理。

（1）层、轿门关闭后电梯不能正常行驶。

（2）电梯速度显著变化。

（3）层、轿门关闭前电梯自行行驶。

（4）行驶方向与选定方向相反。

（5）内选、平层、快速、召唤和指层信号失灵（驾驶人员应立即揿按急停按钮）。

（6）发觉有异常噪声、较大振动和冲击。

（7）轿厢在额定载重下，超越端站位置而继续运行。

（8）安全钳误动作。

（9）接触到电梯的任何金属部分有麻电现象。

（10）发觉电气部件因过热而发出焦热的臭味。

5）电梯发生紧急事故时的操作

（1）因电梯安全装置动作或外部停电而中途停机时，驾驶人员应告诉轿内乘客不要惊慌，严禁拨门外逃，让乘客通过电梯厢内的紧急报警装置通知外界前来救助。

（2）电梯突然失控发生超速运行，虽然断电，还无法控制时，可能造成钢丝绳断裂而使轿厢坠落或可能因漏电而造成轿厢自动行驶的，驾驶人员首先应按急停按钮，断开电源，就近停层。如电梯继续运行，则应重新接通电源，操作按钮使电梯逆向运行，如果轿厢仍自行行驶无法控制，应再切断电源，驾驶人员应保持冷静，等待安全装置自动发生作用，使轿厢停止，切勿跳出轿厢，同时告诉随乘人员将脚跟提起，使全身重量由脚尖支撑，并用手扶住轿厢，防止轿厢冲顶或蹾底而发生伤亡事故。

（3）发生电气火灾时，应切断电源立即报告有关部门前来抢救，在电源未切断前应用干粉灭火器、1211 灭火器或二氧化碳灭火器等进行扑救。

（4）遇井道底坑积水和底坑内电气设备被浸在水中，应将全部电源切断后，方可把水排掉，以防发生触电事故。

（5）电梯发生事故，驾驶人员必须立即停车，抢救受伤人员，保护现场，移动的现场须设好标记，并及时报告有关部门，听候处理。

6）电梯使用完毕后的操作

（1）写好当班设备运行记录，发现存在故障分别转告接班人员及有关部门及时处理。

（2）做好轿厢四壁底板各层站厅门地坎和厅门口的清洁卫生工作。

（3）将电梯停靠在基站，关掉电梯内电源开关，层楼指示，轿厢照明，关闭锁上电梯厅门、轿门，防止他人进入轿厢内开动电梯。

（4）在潮汛期间，工作结束或工作时基站受潮汛影响，应开离基站。

2. 电梯日常检查和维护人员安全操作规程

1）基本要求

（1）电梯日常检查和维护人员必须是身体健康、无妨碍本工种工作疾病的人员。

（2）电梯日常检查和维护人员必须经地市级质量技术监督部门安全监察机构的安全技术培训，合格后方可上岗。

（3）电梯日常检查维护人员作业时必须穿戴好相应的劳动保护用品。

（4）电梯在开始进行检查和维护时，应在电梯每层厅门口设置醒目的安全警告标志和防护栏。

（5）负责电梯三角钥匙的保管和使用，不能将三角钥匙转交他人。使用三角钥匙开启层门时应看清轿厢是否停靠在本层站。

三角钥匙有以下严格的操作规定。

① 电梯层门三角钥匙必须由持有质量技术监督部门颁发的有效特种作业证书的人员保管和使用，严禁未持有有效资格证书的人员违章使用。

② 任何情况下不具备相应资质的人员不得使用电梯三角钥匙从事与电梯有关的特种作业。

③ 电梯层门三角钥匙专责人对钥匙的使用与去向负全责，并在日常工作中做好电梯三角钥匙的使用与出借记录。严禁将钥匙借与其他部门与个人，如有特殊情况确须使用，须经部门主管批准。

④ 电梯正常运行时严禁随意开启电梯层门，只有在应急救援或电梯停止时，方可使用电梯三角钥匙打开所需的电梯层门。

⑤ 开启电梯层门前需在门口放置一个高度为 1m 并附有警告标志的安全围栏，防止他人闯入。

⑥ 开启层门时动作不可过大，应先将层门开启至 2/3 肩宽，再看清井道内情况后方可将层门全部打开。

⑦ 在准备开启的电梯层门附近，地面上自然或人工的照度至少应为 50lx，以便打开电梯层门进入轿厢时，能看清它的全面情况。

⑧ 操作完成或维修人员暂时离开时应关上层门并确认其已锁好，防止他人误入。

案例 3-1：2002 年 9 月 20 日晚，南京某大商场为进行部分柜台调整，要求南京招商局物业管理有限公司安排两台货梯配合作业，23 时左右，物业公司派一名维修工去开电梯，维修工在 1 楼用电梯专用钥匙同时打开 5 号、6 号两台电梯，并进入 6 号电梯等待上货。现场另一位电工将 5 号电梯行驶至 2 楼，4 楼开启电灯后将电梯停在 4 楼并关闭了电梯电源开关。此时 1 楼一名装修工不知道 5 号梯已开至 4 楼，向维修工要来钥匙打开厅门，结果一脚踏空坠落至 10m 深的电梯底坑，经医院抢救无效死亡。

2）安全作业规程

（1）电梯在作检查和维护或在试车过程中，不得载客或载货，禁止非工作人员进入检查区域。

（2）电梯在进行检查、维护、清洁工作时应把机房内的电源开关断开，并切断轿厢内的安全开关。

（3）电梯在检查、维护时所用便携式照明灯具必须采用 36V 以下的安全电压，且应有防护罩。

（4）在对轿底装置和底坑进行检查和维护时，应首先检查制动器的可靠性，切断底坑内电梯的安全回路，方可开展工作。底坑、机房、轿顶不得同时作业。

（5）电梯维护和检查时必须设备监护人员。监护人员的职责是采取措施保护检查人员的安全；在紧急情况下切断电源，呼救；工作完毕后负责清理场地，不准留下工具零部件。监护人员可由电梯驾驶人员或日常检查、维护人员担任，并保持相互呼应。

（6）在轿顶作业应合上检修开关。在轿顶须停车较长时间保养时应断开轿顶急停开关，严禁一脚站在厅门口、一脚站在轿顶或轿内长时间工作。严禁开启厅门探身到井道内或在轿顶探身到另一井道检查电梯。在轿顶作检查或维护时电梯只能作检修运行。

（7）严禁保养人员拉吊井道电缆线，以防电缆线被拉断。

（8）电梯检查注意事项：①非检查人员不得擅自进行作业，检查时应谨慎小心；②工作完毕后要装回安全罩及挡板，清理工具、不得留工具在设备内；③离去前拆除加上的临时线路，电梯检查正常后方可使用。

（9）紧急救助措施：

① 当有人员被关在电梯轿厢内时，电梯日常检查、维护人员应先判断电梯轿厢所在位置，然后实施紧急救助。营救工作必须要有两人协助操作。

② 电梯在开锁区内故障停机，可用三角钥匙直接打开厅门后营救被困人员。

③ 电梯停在非开锁区域时，因外界停电、电气安全开关动作造成的停机应在机房实施救助。首先断开总电源开关，告诉被困人员在轿厢内不要惊慌，不能擅自拨门外逃，然后，一个人用电梯专用工具打开制动器，一个人用盘车手轮根据就近停靠，轻便停靠的原则将电梯慢慢地向上或向下盘车（若出现电梯不能控制的现象应立即使制动复位），至电梯开锁区，然后用三角钥匙打开厅门，营救被困人员。因电梯安全钳动作造成的停机，首先应告诉被困人员在轿厢内不要惊慌，不能擅自拨门外逃，然后断开电梯的总电源，打开电梯停靠处上层的厅门，放下救助扶梯，打开电梯轿顶的安全窗，将被困人员

从安全窗救出来。

（10）日常检查与保养完工后应做好相应的记录。

3.1.2　电梯使用安全技术

（1）搭乘电梯前应留心松散、拖曳的服饰（如长裙、礼服等），以防被层门、轿门夹住运行，造成人身伤害。

（2）请勿搭乘没有张贴电梯安全检验合格证或合格证超过有效期的电梯（合格证通常张贴于轿内明显的位置），这样的电梯有可能不安全。

案例 3-2：2012 年 9 月 13 日，湖北武汉市东湖风景区“东湖景园”在建楼建筑工地内，一台施工升降梯在升至顶楼时发生坠落。坠落时升降机距地面 100m，事故造成升降梯内 19 名工人全部随梯坠下，全部当场死亡。原因是电梯超载 7 人，超期工作 3 个月。出事的电梯已经完全散架，残骸上有一块登记牌，上面写着“武汉市建设委员会，有效使用期限 2011 年 8 月 23 日～2012 年 6 月 3 日”，可见，出事的这部电梯已经超出有效期限工作 3 个多月，如图 3-1 所示。

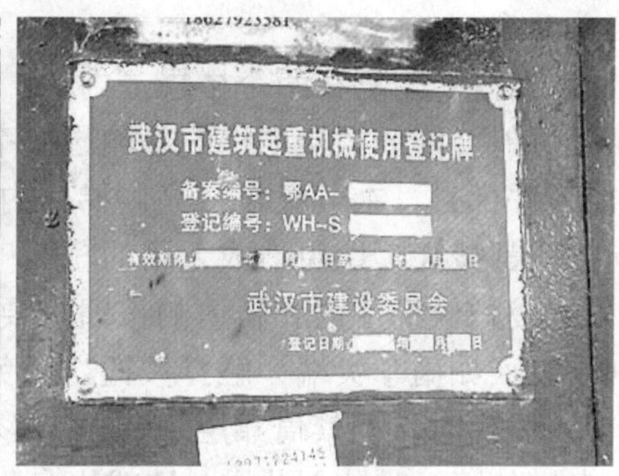

图 3-1　武汉“东湖景园”在建楼工地事故现场

（3）严禁企图搭乘正在进行维修的电梯，此时电梯正处于非正常工作状态，一旦搭乘，容易发生安全事故。

（4）请勿让儿童单独乘梯，儿童一般不了解电梯安全搭乘规则，遇到紧急情况也缺乏及时、镇静的处理能力。

（5）切忌使用过长的细绳牵领儿童或宠物搭乘电梯，应用手拉紧或抱住，以防细绳被层、轿门夹住运行造成安全事故。

（6）杂物电梯仅能用作运送图书、文件、食品等物品，没有针对载人的安全措施，严禁人员搭乘杂物电梯。

案例 3-3：2008 年 4 月 29 日，杭州深蓝广场西湖春天饭店 2 楼，一名送货的女员工被卡在电梯里。女子被抬出来时，脸色惨白，左腿整条裤子已被鲜血浸透。她很快被抬上“120”急救车，送往省人民医院救治。原因是被困女员工当时在 2 楼搬运货物，搬运的时候不小心滑入了装着鸡蛋等货物的电梯。杂物电梯的门口写着红色的警示语："严禁载人！限载250kg，禁止人员进入电梯轿厢或井道"。

（7）请勿不加任何保护措施而随意将易燃、易爆或腐蚀性物品带入轿厢，以防造成人身伤害或设备损坏。杂物电梯禁止在轿厢内存放这类物品。

（8）乘客请勿将流水的雨伞、雨靴带入轿厢，清洁员在清洗楼板时不得将水流带入轿厢，以防弄湿轿厢地板而使乘客滑倒，甚至带入的水流顺着层门和轿门地坎间缝隙处进入井道而发生电气设备短路。

（9）搬运大件物品时，若需保持层、轿门的开启应按住开门按钮"<|>"，禁止用纸板、木条等物品插入层、轿门之间，或用箱子等物件拦阻层、轿门的关闭，以免损坏层、轿门部件，造成危险。

（10）警惕轿内的抢劫、凶杀、爆炸、性骚扰等犯罪行为，特别是在晚上或客流量较小的时候，应留意陌生人进出轿厢。

案例3-4：2012年6月21日晚，沙坪坝的陈女士乘电梯回家，一男子尾随进电梯后，拿着菜刀威胁她拿出现金，陈女士大呼救命。该男子将陈女士砍成重伤后，拿着她的包逃之夭夭。

（11）当搭乘距离在两个楼层之内时，由于候梯时间的原因搭乘电梯未必能更先到达，而且可能会降低大楼电梯的总输送效率，建议走人行楼梯，同时也利于健康。

（12）呼梯时，乘客仅需按亮候梯厅内所去方向的呼梯按钮，请勿同时将上行和下行方向按钮都按亮，以免造成无用的轿厢停靠，降低大楼电梯的总输送效率。

（13）爱护候梯厅内和轿内的按钮，要轻按，按亮后不要再反复按压，禁止拍打或用尖利硬物（如雨伞尖端）触打按钮，以免缩短按钮使用寿命甚至发生故障。

（14）候梯时，严禁倚靠层门，以免影响层门开启或开门时跌入轿厢，甚至因层门误开（电梯故障）时坠入井道，造成人身伤亡事故。严禁手推、撞击、脚踢层门或用手持物撬开层门，以免损坏层门结构，甚至坠入井道。

（15）电梯层、轿门开启时，禁止将手指放在层、轿门的门板上，以防门板缩回时挤伤手指。电梯层、轿门关闭时，切勿将手搭在门的边缘（门缝），以免影响关门动作，甚至挤伤手指。

（16）进出轿厢前，应先等层门完全开启后看清轿厢是否停在该层站（故障严重的电梯可能会出现层门误开），切忌匆忙迈进，以免造成人身坠落伤亡事故。

案例3-5：2012年9月11日，瑞安市塘下镇上潘村森绿大楼，余女士和儿子刚吃过晚饭，打算带着儿子下楼走走，在6楼电梯间等电梯，过了一会电梯层门开了，但只开了一半就停住了。由于这台电梯经常不灵，余女士没有在意，用手随意地把门往旁边推了下，就往里走。没想到下面是空的。余女士抱着孩子一脚踩空，直接摔了下去。孩子奇迹生还，妈妈最终没有抢救过来。

（17）进出轿厢时，注意拐杖、高跟鞋尖跟不要施力于层门地坎、轿门地坎或二者的缝隙中，以免被夹持或损坏地坎。

（18）请勿向电梯门地坎沟槽内扔硬币、果核等异物，以免影响层、轿门的启闭，甚至损坏门系统。若不慎将物品落入轿门与井道缝隙中，请勿自行采取措施，应立即通知电梯专业人员协助处理。

3.1.3　电梯维修安全操作

视现场情况，检修操作可以在轿内，也可在轿顶操作。只要将轿内操纵箱上的钥匙开关转到“检修”位置或上轿顶后将检修开关转到“轿顶”位置即可在轿内或轿顶操作。

1. 进入轿顶检修安全技术

（1）寻找适当的进入层进入轿厢，按进入层下一层及最低一层内呼，然后退出轿厢。

（2）让电梯在下行时撬门（切勿平层），放置顶门器，在层门开启约 100mm 时，按层门外呼并等候 10s，电梯不动证明门锁有效。

（3）重新打开层门，固定顶门器，扶好并伸手进井道，打急停，关门后按层门外呼并等候 10s，电梯不动证明急停有效。

（4）重新打开层门，固定顶门器，扶好并伸手进井道，开灯，打检修，恢复急停，关门后按层门外呼并等候 10s，电梯不动证明检修有效。

（5）重新打开层门，固定顶门器，扶好并伸手进井道，把急停打到停止，可以安全进入轿顶，寻找安全位置站好，随后关闭层门。

（6）把急停恢复到运行状态，按单个“下”，按单个“上”，同时按“共通”和“下”让轿厢下行 20cm 左右，同时按“共通”和“上”让轿厢上行 20cm 左右。在确认一切正常后，可以在轿顶安全开展工作。

（7）在轿顶工作过程中必须确保电梯始终保持检修状态。

（8）电梯无须移动时要马上把急停开关设置于停止位置。

2. 退出轿顶安全技术

（1）把轿厢运行到方便退出的位置，把急停打到停止，打开层门，放置顶门器，恢复急停，同时按“共通”和“下”，同时按“共通”和“上”，验证门锁有效后，重新把急停打到停止。

（2）检修人员退出轿顶后固定顶门器，扶好并伸手进井道，熄灯，检修恢复正常，急停恢复正常，取走顶门器并关闭层门，让电梯恢复服务。

轿顶作业时：①尽可能在下行方向时移动；②尽可能地位于轿顶中间；③尽可能地避开轿顶轮的位置；④严禁快车状态下轿顶站人；⑤当心突出部件挂住衣服或双背带安全带；⑥检修观光电梯时，必须使用双背带安全带；⑦当心对重和轿厢的交错运行；⑧当心共用井道中的其他运行设备；⑨在轿顶检修运行时，应呼应及确认所有“在场人员”知道轿厢将会移动，在“在场人员”回应后方可运行轿厢。

3. 进入底坑安全技术

（1）必备工具：厅门三角钥匙、手电筒、厅门限位器。

（2）A 员工，用进入轿顶的程序进入轿顶，以检修速度将电梯开至最底层厅门上坎略高处，按下轿顶急停开关；通知（用通信工具）在最底层厅门外的 B 员工。

（3）B 员工得知 A 员工确定信息后，放好厅门安全警示障碍护栏。使用恰当的进入设备（三角钥匙）打开厅门，用厅门限位器将厅门可靠固定在最小的开启位置，通知 A 员工拔出轿顶急停开关、以检修速度运行电梯，不运行视验证厅门回路有效。

（4）B 员工重新打开厅门，以标准姿势开足厅门，用厅门限位器固定厅门，扶靠墙壁伸手进入井道，打开照明开关，按下底坑上的急停开关，关门后，通知 A 员工以检修速度运行电梯，不运行视验证底坑上急停开关有效。

（5）B 员工重新打开厅门，以标准姿势开足厅门，用厅门限位器固定厅门，沿爬梯进入底坑，按下底坑下急停开关，沿爬梯退出底坑，扶靠墙壁伸手拔出上急停开关，关门后，通知 A 员工以检修速度运行电梯，不运行视验证底坑下急停开关有效。

（6）B 员工重新打开厅门，以标准姿势开足厅门，用厅门限位器固定厅门，沿爬梯进入底坑，在底坑作业时将厅门关闭，由 A、B 员工上下配合工作。

4. 退出底坑安全技术

（1）打开厅门，将厅门固定在开启位置。

（2）顺爬梯爬出底坑，关闭照明开关，拔出急停开关。

（3）关闭厅门。

（4）确认电梯恢复正常。

注意：在上述验证过程中，如发现任何安全回路失效，应立即停止操作，先修复电梯故障，如不能立即修复，则须将电梯断电、上锁、设标记牌。

底坑作业时：①需一人在轿顶，且确保清楚的应答通话；②进入底坑前，放好围栏或告示牌，以防有人跌落；③进入底坑时，先打急停开关和井底照明灯，看清井底情况；④必须使用爬梯进出底坑；⑤工作时，注意对重、补偿链等运动部件带来的危险，与此类部件保持距离；⑥测试安全回路开关时，轿厢必须以检修方式向上移动；⑦工作完毕后，清除杂物、工具，保持清洁；⑧离开底坑时，确保厅门及井底检修门关好和锁好；⑨严禁自行爬梯开厅门，需由同伴员工为其开厅门。

案例 3-6：某大学教学楼客梯，晚上值班操作人员欲乘电梯从 6 楼至 7 楼，因管理人员将电梯锁在检修位置，此人使用检修开关和应急开关将电梯开至 7 楼，6 楼层门未关闭即离开电梯。学生晚自习结束，由于走道光线较暗，有两个学生看见 6 楼电梯层门未关以为电梯停在该层，便走了进去，其中一人摔入井道身亡。

事故原因：值班人员违章使用，检修状态不能正常使用，电梯管理人员下班后应锁梯，不能图省事误以为检修状态别人不会开。另外，此台电梯的层门无自复装置，值班人员如果在轿厢离开层站时，检查层门关闭与否，事故也不会发生。在层门附近，层站的光线不足。

3.2　电梯运行中的故障处理

电梯使用一段时间后，常常会出一些故障。产生的故障不一定就是机器零部件的磨损或老化所引起的，故障的原因多种多样。维修人员应根据电梯出现的故障去判别属于哪种类型的原因，从而着手解决。

3.2.1　电梯故障的类别

以下 3 种故障，具体情况应根据现场进行科学地分析和判断，然后采用正确的方法予以排除。

1. 设计、制造、安装故障

一般来说，新产品的设计、制造和安装都有一个逐步完善的过程。当电梯发生故障以后，维修人员应找出故障所在的部位，然后分析故障产生的原因。如属于设计、制造和安装等方面所引起的故障，暂勿妄动，必须与制造厂取得联系，由其技术和安装维修人员与使用单位的维修人员共同商讨解决。

2. 操作故障

操作故障一般是由于使用者玩弄安全装置和开关引起的。这种不遵守操作规程的行为必然造成电梯发生故障，甚至危及乘客生命安全。如短接门的安全触头，在门开启的情况下运行等是十分危险的，必须防止这类故障的发生。

3. 零部件损坏故障

零部件损坏故障现象是电梯中最常见也是最多的，如机械部分传动装置的相互摩擦，电气部分的接触器、继电器触头烧灼，电阻过热烧坏等。

3.2.2　电梯运行中的常见故障处理

1. 开门刀蹭厅门地坎

（1）现象：电梯运行过程中，开门刀经过厅门地坎时有蹭磨声响。

（2）原因：

① 门刀与厅门地坎的间隙偏小（规定间隙为 5～8mm）。

② 轿厢地坎与厅门地坎间距过小（规程规定尺寸为 23～32mm）。

③ 门刀固定螺钉松扣或门刀位移。

④ 导靴尼龙衬磨损严重，轿厢晃动过大产生断续性的蹭磨声。

（3）处理方法：

① 调整门刀与地坎间隙在规定范围内。

② 紧固门刀（注意门刀不垂直度不大于 0.05mm）。

③ 更换已磨损的导靴尼龙衬板。

④ 厅、轿门地坎间隙小于规范最低值时，必须采取补救措施，合格后才能投入使用。

2. 关门夹人

（1）现象：关门时安全触板夹人，不能自动开门。

（2）原因：

① 触板微动开关被压死无法动作。

② 安全触板接线断路或碰壳。

③ 安全触板本身卡死，传动受阻。

（3）处理方法：

① 更换触板微动开关，并调整至动作灵活。

② 检查接线，排除断路或碰壳点。

③ 调整安全触板传动机构的摆杆、拉杆、转轴等，使之动作灵活可靠。

3. 电梯厅门未关闭电梯运行

（1）现象：厅门在未关闭的情况下，电梯起动运行。

（2）原因：

① 门锁开关短路。

② 门锁继电器接点粘连不释放。

（3）处理方法：

① 检查门锁开关接点，排除短路故障点。

② 调整修理或更换门锁继电器。

③ 各层门锁接点应相互串联，严禁人为短接门锁接点（据统计电梯的人身伤亡事故中，属于厅门未关闭而发生的坠落事故占首位）。

案例 3-7：2008 年 2 月 21 日，九江市四码头附近的九江新潮商厦，一名年仅 15 岁的少年在大厦 1 楼，准备坐电梯到 8 楼，电梯门开后，少年一只脚踏进电梯，门还没关上时，电梯突然上升。电梯带着少年迅速上升，少年被卡在门框上方，上身在电梯里面，下身在电梯外面，随后少年就掉到电梯下方大约 1m 深的坑道里，经抢救无效死亡。

4. 轿厢冲顶或蹾底

（1）现象：轿厢超越顶层端站，对重在底端蹾簧并可能伴随轧车。

（2）原因：

① 电梯换速控制故障或强迫减速开关失灵（此时即使限位、极限开关动作可靠也会因电梯惯性而造成冲顶故障）。

② 限位、极限开关等安全装置失灵。

③ 电梯超载向下运行会引起电梯蹾底。

（3）处理方法：

① 在安装电梯时，应检查对重块数以及每块的质量，同时做额定载荷的运转实验。

② 做超载运行试验，将轿厢分别移至井道上端或上端，向上或向下运行，测定轿厢是否有倒拉现象。

③ 检查和调整上下平层时的平层开关位置和极限开关位置。

④ 对于运行时间较长电梯出现此故障时，检查钢丝绳与绳槽之间是否有太多的油污及两者之间的磨损情况。如果磨损严重，则应更换绳轮和钢丝绳；如果没磨损，则应清洗钢丝绳与绳槽。

⑤ 检查制动器的工作情况，调整制动器闸瓦的间隙。

⑥ 调整并固定撞铁，使其在两端站能起作用。

5. 电梯轧车

（1）现象：运行中安全钳动作，急停回路断电，轿厢骤然卡在导轨上。

（2）原因：

① 限速器误动作，将安全钳楔块提起造成轧车。

② 电梯超载下行超速，超过限速器动作速度整定值。

③ 安全钳拉杆或楔块松动，运行中振动引起轧车。

④ 安全钳楔块与导轨侧面之间的间隙过小（规范为 3～4mm）或误入杂物。

⑤ 电梯上行超越端站，对重蹾簧引起轿厢抛掷，速度变化率大，离心甩块骤动造成限速器动作轧车。

⑥ 电梯底坑进水，安全开关被水锈蚀，安全回路误动作。

（3）处理方法：

① 点动电梯慢速上行（严禁下行，否则越轧越紧）使轿厢脱离轧车位置，提起楔块，恢复拉杆开关，修整打磨导轨轧车位置（若按慢车轿厢不动、电机发闷时则应采取在机房起吊轿厢使之脱离轧车位置的方法解决）。

② 定期保养安全钳系统，限速器每半年应清洗调整一次。

③ 定期检查强迫换速、限位、极限开关装置，调整使其动作灵活可靠，避免越层。

6. 导轨端面被刨成深沟

（1）现象：沿导轨端面的整个高度上布满深浅不等的沟道。

（2）原因：导靴的尼龙衬因长期运行磨损严重，尼龙衬的金属压板因导靴挺子弹簧的作用压在导轨端面上，当轿厢上下运行时，压板与导轨端面产生相对运动刨削导轨端面。由于导轨的安装误差、负载的变化等因素出现了深浅不等的沟道。

（3）处理方法：

① 定期保养，经常检查导衬的磨损程度，及时更换已磨损的导衬。

② 打磨已磨损的导轨端面，更换新尼龙衬，调整校正导靴锭子。

7. 曳引钢丝绳打滑

（1）现象：电梯运行中遇有速度发生变化（起动、换速、停梯制动瞬间），曳引钢丝绳在绳槽内产生滑动。

（2）原因：

① 绳槽磨损严重（如由V形磨成U形），使曳引力下降。

② 钢丝绳长期使用磨损，使钢丝绳和绳槽的摩擦力降低。

③ 绳槽磨损程度不一致，钢丝绳在磨损量大的绳槽中产生滑动。

④ 在对重已经蹾簧的情况下，若迫使电梯上行时，钢丝绳会在槽内打滑。

⑤ 轿厢严重超载下行，绳槽曳引力超过设计允许值，产生钢丝绳打滑。

⑥ 钢丝绳之间的张力不均造成钢丝绳打滑。

（3）处理方法：

① 轿厢载重量应控制在设计范围之内。

② 当绳槽磨损严重时应重车绳槽或更换绳轮轮缘。

③ 绳槽内严禁加油，当钢丝绳油芯渗油太多时（尤其在夏天），可用煤油擦拭干净（忌用汽油擦拭，因汽油含少量水分会使钢丝绳生锈）。

④ 调整钢丝绳张力，互差不应超过5%。

8. 曳引钢丝绳磨损快

（1）现象：钢丝绳外表面被磨损或断丝周期短。

（2）原因：

① 轮槽槽型与钢丝绳不匹配，有夹绳现象。

② 绳轮的垂直度超差（规范不超过0.5mm），绳轮端面对抗绳轮端面的平行度超差（规范不超过1mm）造成偏磨。

③ 安装时钢丝绳没有“破劲”，运行时钢丝绳在绳槽中打滚造成滚削。

④ 钢丝绳质量不佳，磨损加快。

（3）处理方法：

① 将钢丝绳重新“破劲”，消除内应力防止打滚。

② 调整相关垂直度和平行度，选用合格的电梯专用钢丝绳。

③ 选择合适的槽型和钢丝绳配合。

④ 钢丝绳更换标准：一是，断丝在各绳股之间均布，在一个捻距内的最大断丝数超过 2 根。二是，断丝集中在一个或两个绳股中，在一个捻距内的最大断丝数超过 16 根。三是，曳引绳表面的钢丝有较大磨损或锈蚀。四是，曳引绳磨损后，其直径小于或等于原直径的 90%。

9. 平层超差

（1）现象：电梯换速停车时，平层准确度差。

（2）原因：

① 电梯超载运行。

② 电梯换速距离太短。

③ 曳引电动机特性太软，曳引机总体效率太低，出力不够。

④ 电动机温升过高，铜损和铁损增加使电动机设计参数变化。

（3）处理方法：

① 调整电梯平衡系数（按规范应为 40%～50%），运行中不要超载。

② 调整电梯换速环节。

③ 若电动机特性太软或曳引机总体效率太低时，降低电梯载重量。

10. 轿厢带电

（1）现象：轿内操纵盘有麻电感觉。

（2）原因：

① 轿厢没有接地保护或接地不良。

② 轿厢线路中有漏电。

③ 轿内地板上铺化纤地毯产生静电感应。

（3）处理方法：

① 按规范规定将截面各为 1mm^2 的电线作为轿厢的接地线，其接地电阻不大于 4Ω。

② 检查轿厢上的碰壳导线，消除漏电。

③ 轿厢地板宜用绝缘橡胶垫或纯毛地毯铺设。

11. 电梯不关门或反复开门

（1）原因：

① 电梯门导轨或者地坎里有异物。电梯的门是在一个固定的导轨上滑行开关门，门下方有一个地坎槽，当导轨或者地坎里有较大石块或者垃圾较多时，电梯会自动检查

关门阻力，然后反向开门以保护电梯门电动机。

② 有人挡门或者电梯光幕灰尘较多，此时电梯门常开不闭。

③ 电梯的厅门锁上边有两个螺钉，上边一个较短，下边一个较长，在安装过程中，有个别楼层两个螺钉装反，导致电梯门锁不能正常闭合，电路不通，电梯关门后又打开。

（3）处理办法：

① 清除异物，电梯开关门正常。

② 电梯的两扇门上均安装有两条感光的光幕，为了避免电梯关门时把人挤伤，当电梯内人较多时，应注意不要站得靠门口太近，以免衣服或者挎包等阻挡光幕的感光。要经常清洁电梯的光幕，以免灰尘过多导致电梯感光不畅。

3.2.3 电梯运行中突发事件应急处理

1. 乘客

乘客被困之后，最好的方法就是按下电梯内部的紧急呼叫按钮，这个按钮一般会跟值班室或者监视中心连接；如果呼叫有回应，被困乘客要做的就是等待救援。切忌撬门，因为电梯在出现故障时，门的回路方面会发生失灵的情况，这时电梯可能会异常起动，如果强行扒门就很危险，也就是剪切，这种剪切很容易造成人身伤害。不少乘客害怕发生故障的电梯可能会坠落，其实这样的担心是不必要的。电梯从设计方面是相当安全的（除非电梯设计本身存在缺陷），它的悬挂系统一般是 3 根或 3 根以上的钢丝绳，那么这个安全系数相当于 12 倍，例如，一个轿厢可以乘 10 个人，它从设计方面乘 120 个人都没问题。电梯还有一套防坠落系统，包括限速器、安全钳及底部的缓冲器。一旦发现电梯超速下降，限速器首先会让电梯驱动主机停止运转。如果主机仍然没有停止，限速器就会提升安全钳使之夹紧导轨，强制轿厢停滞在轨道上，另外在一定速度内如果直接撞击到缓冲器上，轿厢也会停下来。在狭窄闷热的电梯里，许多乘客担心受困后会窒息而死。那么被困电梯到底会不会闷死人呢？国家标准有严格的规定，要达到规定的通风率，才能够投放市场，另外，电梯有很多活动的部件，如连接的位置轿壁、轿顶和连接键，它们之间都有缝隙，这些缝隙足够人的呼吸需要。所以，当乘客遇到电梯突发事件时最重要的是保持冷静，及时报警。

报警无效时的求救方法有以下几种。

（1）可以大声呼叫，或者拍打轿壁门。用鞋子拍门更响一点，主要目的就是把求救的信息告知外界。

（2）在有些大城市，打“110”也可以取得呼救的效果。

（3）如果暂时没有动静，被困乘客最好保持体力，间歇性地拍门，尤其是听到外面有了响声再拍。在救援者尚未到来前，宜冷静观察，耐心等待。

如果电梯非正常下坠，乘客应当迅速切换保护姿势，整个背部跟头部紧贴电梯内墙，呈一直线，膝盖呈弯曲姿势。如果电梯里有手把，一只手紧握手把，（不论有几层楼）

赶快把每一层楼的按键都按下。因为电梯下坠时，你不会知道它会何时着地，且坠落时很可能会全身骨折而死。这样做的原因如下：一是当紧急电源启动时，电梯可以马上停止继续下坠；二是为固定你人所在的位子，使你不会因为重心不稳而摔伤；三是要利用电梯墙壁作为脊椎的防护；四是因为韧带是人体唯一富含弹性的组织，所以借用膝盖弯曲来承受重击压力，比骨头来承受压力带来的伤害小。

2. 救援人员

（1）实施救援人员或用户相关人员，首先应尽快同轿厢内被困人员取得联系，并告之，很快就可救援解困，不要紧张，不要试图自行出来。

（2）切断电梯主电源（若停电，也要将主电源开关置于“Off”位置）。

（3）通过层站数码显示或者打开厅门三角锁（注意开锁安全事项），无机房电梯可通过井道窥视孔，确定轿厢所停位置。

（4）电梯轿厢停在平层区（门区），可直接用厅门三角锁打开厅门和轿门，协助被困人员安全离开轿厢。

（5）电梯轿厢停在非平层区（门区），采用如下方法救援：

① 轿门应保持关闭，如轿门已被打开，则要求被困人员将轿门手动关上，并再三告之被困人员“保持镇静，不要乱动，轿厢将会移动”。

② 两人用力把持住曳引机上的盘车手轮，防止机械松闸时电梯意外地或过快地移动，然后另一人采用机械方法松开抱闸。

③ 按正确方向（可能上可能下），就近方便的，缓慢地将电梯轿厢移动到平层区（门区）。

④ 松开抱闸的时间一定要断续地，松松停停，保证电梯的移动速度很低（不大于0.1m/s）。

⑤ 移动到平层区（门区），可用三角锁打开厅门和轿门，协助被困人员安全离开轿厢。

⑥ 在无机房电梯中，若是同步无齿轮曳引机，则是采用电控救援的，电动松闸后，是利用轿厢于移动状况，使之平层。其他方法同上，使乘客解困。

拓展阅读

抱闸扳手及盘车轮的使用方法：

（1）确认已断开机房主电源，防止主机意外动作。

（2）拆掉主机轴端旋转编码器防护罩，将盘车手轮套于轴端，拧紧固定螺栓。

（3）将抱闸扳手靠于抱闸铁心上，用力拉下扳手，即可松开抱闸。

（4）抱闸松开后，转动盘车轮，即可使轿厢上下移动。

（5）作盘车操作时，必须两人配合，一个控制抱闸扳手，另一个人把持住盘车手轮，并根据需要转动手轮。

注意：在任何情况下，特别是轿厢内有乘客时，不得直接松开抱闸，让电梯溜车。

（6）盘车操作完成后，必须取下盘车手轮，防止试车时甩伤人。

思 考 题

1．事故简要经过：某日，位于本市郊区的一商城内B号货梯驾驶人员载运4名工人和一辆载有15包水泥的三轮车及一辆空载翻斗车从1楼升至4楼，当货梯到达4楼停稳后，货梯的前门自动开启时后门突然也开启了，由于后门开启正对的是井道内壁，一名依靠在后门上的工人毫无准备地从轿门和井道之间的间隙中坠落，跌至底坑后死亡。事故现场情况：电梯轿门和井道损坏严重。试分析事故原因。

2．事故简要经过：某市一毛纺厂电梯司机将电梯停在2楼，等待装货，见装卸工还没有把货物从车间推出来，就暂离轿厢去喝水，刚好此时装卸工将一车坯料从车间推出，看到电梯驾驶人员不在，就把坯料推进轿厢。5分钟后，又将另一车坯料从车间推出来，看到原来的坯料还没有运走，电梯驾驶人员又不在，就将第二车坯料也推进轿厢。过了一会儿，电梯驾驶人员返回电梯发现层门、轿门都开着，而轿厢却在徐徐下降，误以为有人在操作电梯慢车运行。她一边喊人，一边跨入轿厢，当她身体一半还在外面时，轿厢下坠速度加快，将该电梯司机轧在轿厢。试分析事故原因。

3．事故简要经过：2007年某月的下午2点左右，在郊区一电气公司钣金车间内，工人唐某和赵某一起将电气柜体组装件材料用液压推车拉入简易电梯轿厢，同时二人也进入了轿厢，当电梯开到2楼后赵某刚走出轿厢，只听到背后“轰”的一声，回头一看，电梯轿厢突然坠落到楼下，唐某随同轿厢一起坠落。车间内的其他工人赶来把唐某救出并送往医院急救，但终因伤势过重救治无效而死亡。事故现场情况：该简易电梯是由该公司于2006年6月自行制作、安装，用于货物装卸。但没有专人负责监督车间工人操作电梯。试分析事故原因。

4．事故简要经过：某日上午，在某工业开发区的电梯安装工地，一电梯安装工程有限公司的2名员工正准备安装电梯厅门地坎，他们俩采取了操作不具备安全运行的电梯轿厢装载货物上行，这时电梯轿厢突然加速上行，见状后薛某急忙从轿厢内向井道外的2楼门处跳，由于2楼门口有保护栏杆，薛某身体碰到保护栏反弹坠入底坑，被送医院抢救无效后死亡。事故现场情况：电梯安装尚在过程中，轿门、轿厢壁、安全装置等都没有安装完成，每个层楼的层门处都用固定护栏隔离，电梯的控制系统尚未调试，接入的动力电源属于临时电源。试分析事故原因。

5．事故简要经过：某市一居民大楼（共20层）有2台自动门电梯，有专职电梯司机驾驶，当班司机因家中有事请假，管理部门安排一名电梯修理工代班（无操作证）。该修理工因上厕所，且把电梯处于检修状态，待回来时见电梯门关闭，认为电梯门自动关闭（实际上有人用通用电梯钥匙把电梯开上 4 楼），就拿出三角钥匙打开层门，由于用力过猛，人体前冲跌入底坑，造成多处骨折致残。事故现场情况：电梯处于检修状态；年检合格，在有效期内运行使用。试分析事故原因。

6．事故简要经过：某区一商业大楼内电梯发生了故障，用户马上通知了维保单位到现场进行维修。维修公司到现场后，在没有采取切实有效的安全防护措施情况下，在机房就展开了维修，使得电梯可以在轿厢门和厅门敞开时向下运行。此时，有一名正从轿厢内出去的乘客李某，被向上以检修速度运行的轿厢挤压在层门的上檐大呼救命。所幸检修人员听到了呼救，马上停止了轿厢的运行，可是乘客李某已被挤压成腰椎骨折。事故现场情况：该电梯当时处在检修状态，电梯的其他安全装置有效，电梯检验合格报告及电梯安全检验合格证书齐全且有效。试分析事故原因。

7．事件简要经过：某市一科技大厦的 2 号电梯，在首层候梯大厅因严重超载，造成电梯下沉，脱离门区后电梯门强迫关闭，造成在电梯轿厢内的乘用人员被困。维保单位在接到关人报修后 15min 左右赶到现场，并迅速解救出被困人员，此次事故造成被困人数达到 21 人，被困时间约 20min。事故现场情况：①事故电梯为曳引式乘客电梯，控制方式为并联，额定运行速度为 2.5m/s，额定载重为 1000kg，额定载员 13 人。②对电梯进行相关性能的检查：安全保护装置、轿厢超载报警装置、层轿门安全保护装置、曳引能力等。试分析事故原因。

8．事故简要经过：位于浦东新区的一家大酒店里，酒店餐饮部电话通知工程部，要求使用原本处于停用状态的电梯。酒店电工周某接到电话通知后，便与工程部油漆工一起前往开起电梯。周某误认为电梯轿厢停于 3 楼（轿厢实际位于 1 楼平层位置）即用专用三角钥匙开启电梯 3 楼厅门，油漆工在旁协助扒开厅门。周某在未确认电梯轿厢位置的情况下，即进入电梯井道内，致使其坠落至轿厢顶部，终因抢救无效死亡。事故现场情况：该液压电梯型号为 COP-GEUY，额定载重量为 1800kg，4 层 4 站 4 门，是日本企业制造的。试分析事故原因。

9．事故简要经过：某市的一居民小区 1 单元 2 号楼内，一对夫妇带一名 5 岁小孩从外归来欲乘电梯回家，小孩先行跑进电梯轿厢并关门运行，电梯运行至 1 楼和 3 楼之间时突然停止，只听见小孩大声哭救，这对夫妇见状后立即报告物业管理部门，物业赶来时发现小孩被卡在电梯轿厢与井道间，情况十分危急，最后在消防人员和维保人员的协力救助下，小男孩才成功脱离险情。事故现场情况：电梯各类安全装置有效，电梯控制信号正常，电梯轿门略施外力即能打开。试分析事故原因。

10．事故简要经过：本市某医院的一台病床电梯，在某天早上 6 时许，一名清洁工上早班到各楼层打扫卫生，并向门卫要了钥匙，自行开启电梯上至 5 楼，推出垃圾车，清扫卫生。按常理当电梯到达 5 楼后，离开轿厢，应当将操纵箱的电源钥匙开关或安全开关等切断电源。由于该清洁工缺乏电梯驾驶人员专业知识，何况未取得《特种设备作业人员证》。当清扫 5 楼卫生后，由于冬天凌晨 6 时，轿厢内灯光较昏暗，实际电梯已有人乘坐上升至 8 楼，清洁工盲目地推着垃圾车迈向电梯，最终清洁工连车带人一起跌入电梯井道。试分析事故原因。

11. 事故简要经过：某市一居民楼使用一台信号控制电梯。因年代久远，部分机件损坏严重，设备处带“病”运行状态。事故当天，电梯司机刚好外出，让其徒弟（未取得《特种设备作业人员证》）顶班。正当电梯乘载 3 名客人由底层向 5 层运行时，在不到 3 层位置时，电梯突然停止开门，但电梯轿厢已高出 3 楼平面近 50cm，轿厢门刀已离开层门门锁橡胶轮，致使 3 层层门在重锤作用下，缓慢关闭，其中一名中年乘客从轿厢内跳出，当班司机没有制止，同时应使电梯慢速向下运行，与 3 层楼平面找平，可惜其由于过分紧张反而使电梯慢速上行。试分析事故原因。

第 4 章　电梯环境安全技术

电梯技术环境对电梯运行安全有重要影响，因此，要求有一个良好的、合乎要求的电梯技术环境。给电梯运行创造一个安全的环境是本章内容要达到的目的。本章内容主要包括电梯噪声基础知识、电梯噪声安全技术、电梯电磁干扰基础知识，以及电梯电磁干扰安全技术。

4.1　电梯噪声基础知识及安全技术

4.1.1　电梯噪声基础知识

1. 电梯噪声主要声源

（1）主机房内曳引机驱动运转、轿厢及配重运行引起的低频振动声能量沿结构主承重墙传播，引起墙体楼板扰动产生共振。

（2）曳引设备摩擦促使电梯轿厢上下运行，曳引轮与曳引绳间在电梯高速运行过程中产生摩擦声，有时也由钢丝绳传递到轿厢，进而传递到导轨，传递到相邻墙体，影响到住户。

（3）曳引设备和导轨上下运行时导靴（导轮）与导轨间的摩擦、各旋转部件与曳引绳间摩擦、轿厢高速运行产生的空气流动等噪声污染，都将传递到导轨，传递到相邻墙体，影响住户。

2. 电梯噪声主要产生原因

1）承重装置

电梯的安装需要有较高的强度和刚度的承重装置，否则容易出现振动并产生噪声。而承重装置的缺陷主要表现是：①承重梁的刚度不够；②曳引机与承重梁之间需要合适的减震装置，而目前许多电梯中的减震装置往往出现橡胶材料硬度、数量不合理或受力不均匀的问题。

2）悬挂装置

轿厢和平衡重都是通过悬挂方式安装实现， 而在实际安装过程中经常出现绳头隔振装置刚度太大或太小、轿厢中心和曳引绳中心偏差过大，使导靴受力不均匀产生振动。各钢丝绳张力不均匀，摆幅过大。不同的钢丝绳张力会对曳引轮绳槽产生不同的压力，使曳引轮各绳槽磨损不均匀，时间长了会导致各槽节圆直径不同，绳间相对滑移加剧，引起运行中的振动和噪声，同时也会降低曳引轮和钢丝绳的使用寿命。绳头组合的压缩弹簧选型不对，弹簧弹性系数太小会使电梯起动、制动时轿厢振动幅度增大，弹簧弹性系数太大会使其抗冲击负荷能力下降，同样会使轿厢振动加大。试验证明钢丝绳扭曲会引起电梯振动，必须在安装时确保每 30m 钢丝绳旋转不超过 1 圈。

3）曳引机

曳引机是轿厢升降的动力来源和调速机构，对电梯的平稳运行非常重要。实际生产和安装过程中经常出现以下情况：

（1）由于制造厂组装调试时为无负载运行，在电梯安装使用后，进行有负载运行时产生了振动，所以在制造厂组装调试时应适当地加些负载，发现问题及时解决。

（2）装配不符合要求，减速箱及其曳引轮轴座与曳引机底座间的紧固螺栓预紧力不匀，可能引起减速箱体扭力变形，造成蜗轮副啮合不好，蜗杆与电动机连接后同轴度超标，因此在组装时，对齿轮进行修齿加工和对蜗杆进行研磨加工可以达到减小振动的目的。

（3）蜗杆刚度过小、电动机及蜗杆轴承磨损，径向跳动增大。

（4）制动轮和电动机转子动平衡不良、电动机与减速器之间联轴器同轴度精度低。

（5）蜗杆轴端的推力轴承存在的缺陷。

（6）电磁制动器两侧间隙不均匀，造成运行时不正常的摩擦。

（7）曳引轮的不平衡旋转是曳引系统机械振动的主振源，一般在设计与制造加工时已对此进行了考虑，提高曳引轮的加工精度。

4）轿厢

（1）在组装轿厢时没有正确设置减振消声橡胶垫，则在轿厢起动、制动时会引起很大的振动。

（2）轿厢壁板振动频率与系统振动频率相近，产生共振。

（3）轿厢自重太轻，动态性能差，对振动的屏蔽能力较差。

5）导向装置

导轨的垂直度、轨距偏差与接头平整度都会影响电梯运行过程中的舒适感。导轨间距偏差过大会引起轿厢水平晃动，过小会使轿厢垂直振动。另外，导轨支架的刚度不够，导轨与支架连接、支架与预埋钢板焊接、支架与墙体固定不牢固，也会使轿厢运行时产生振动。

3. 电梯规范对电梯噪声的规定

为了保证乘客健康和乘客搭乘电梯的舒适性，各种电梯规范对电梯噪声都做出了严格的规定和限制。

《电梯监督检验规程》规定：电梯的各个机构和电气设备在工作时不得有异常振动或撞击声响。电梯噪声（货梯只考核机房噪声）值为①机房平均噪声不大于 80dB（A）；

②额定速度小于 2.5m/s 的电梯，运行中轿内最大噪声不大于 55dB（A）；③额定速度等于 2.5m/s 的电梯，运行中轿内最大噪声不大于 60dB（A）；④开关门过程中的噪声不大于 65dB（A）。

《电梯技术条件》（GB/T 10058—2009）第 3.3.6 条规定：电梯的各机构和电气设备在工作时不得有异常振动或撞击声响。电梯的噪声值应符合表 4-1 的规定。

表 4-1 电梯的噪声值表

项目	机房	运行中轿内	开关门过程
噪声值/dB（A）	平均	最大	
	≤80	≤55	≤65

注：①载货电梯仅考核机房噪声值；

②对于额定速度等于 2.5m/s 的乘客电梯，运行中轿内噪声最大值不应大于 60dB（A）。

4. 电梯噪声对人的影响

大多数电梯噪声不属于高分贝的强噪声，但是其绝大多数情况下产生的低频噪声会对人体产生慢性损伤，容易使人烦躁、易怒，有时甚至失去理智，长期受袭扰，还可能造成神经衰弱、失眠等神经系统疾病，如果孕妇长期处于低频噪声中也会影响到腹中胎儿的发育。中国疾控中心环境影响评价室的专家指出，低频噪声对生理的影响虽然没有高频噪声那么明显，但它可以直达人的耳骨，使人的交感神经紧张，导致心跳加速、血压升高、内分泌失调等症状。一般而言，人对低频噪声的忍耐程度相对也较低。正常情况下，30～35dB（A）一般人还能承受，35 dB（A）以上就会有人明显产生心慌、烦躁等不良症状。

4.1.2 电梯噪声安全技术

1. 噪声测试方法

（1）噪声测试仪器。噪声测试的主要仪器有传声器、声级计、频率分析仪等。传声器是将被测声波转换为电信号，声级计将传声器输出的微小信号加以放大和处理，并由液晶和刻度显示出来，再配上滤波器进行噪声的频谱分析。电梯检测现场常用传声器和声级计。

噪声用声压、声强和升功率等物理参数来描述，因为声压容易被检测，所以把声压级作为测量噪声的基本物理量，单位是 dB。电梯噪声的常用测量仪器是声级计，通常用 dB（A）度量电动机噪声。测量时可参照产品说明书进行声学校准或声级计内部电校准，并要正确选择频率计特性和时间计权特性，一般选用“A”计权快挡。

（2）机房噪声的测量。只在额定电压和额定频率下曳引机空载运行噪声测量。环境噪声会影响到实际测量结果的准确性。因此，电梯噪声测试尽可能在环境噪声较小的情况下进行。测量前要让曳引机运行一段时间，使电梯处于正常速度状态、噪声趋于稳定时进行。测量时应注意声源附近的反射影响，尽可能减少附近墙壁或物体的反射，以避免驻波影响测量误差。各测量点一般应平均分布于通过轴线的两个互相垂直的平面上，声级计置于距地面高 1.5m，距声源 1.0m 处，测量点不少于 3 个。当相邻两点的 dB（A）差值大于 5dB（A）时，应在两点间加测一点。

（3）轿厢内噪声的测量。电梯运行过程中，关闭轿顶通风风扇，声级计置于轿厢内中央，距地面高 1.5m。测量电梯正常运行时轿厢内的噪声值，并取最大值。

（4）开、关门过程中噪声的测量。电梯处于某层平层和轿门打开状态，声级计置于层门和轿门宽度的中央，距地面高度 1.5m，距门 0.24m 测量开关门过程中的噪声值，并取最大值。

2. 电梯噪声的治理

（1）机房噪声治理。选用与中、高频为主的宽频带特性噪声相适应的环保型高效吸声体，也是一次成型的块状吸声体，可使机房内的噪声明显降低，室内混响时间大为缩短，声波反射基本消除。使用此类吸声体，无论在安装阶段，还是在长期使用中，均不会造成纤维散落，污染机房室内环境，对机组造成损害的后果。

（2）井道噪声治理。在井道上端和下端适当的位置，根据井道体积、轿厢速度、井道横截面积等参数，打开一个通风口，使得由于轿厢移动产生的瞬间相对负压状态和空气瞬间压缩现象基本消除，减缓了气流在厢体周围的高速流动，降低了活塞效应激发的噪声。

改善井道内壁面吸声状况，提高其吸声能力，使噪声很快衰减和吸收。由于井道内空间有限，还要保证一定获得安全距离和气流通道间隙，吸声材料的使用厚度设低、中频有特效的环保型高效吸声体，可大幅度减小反射声波和噪声的传导，从而最大限度减少井道内的声辐射。

（3）在振动污染治理中降噪。在降振、隔振中降低噪声。例如，在电梯基座隔振中可采用阻尼比为 0.2 左右的橡胶类隔振元件，还要考虑机组的频率、承载质量等参数，选用正确方法安装，才能起到隔振降噪的效果。经过隔振处理后，振动级由原来的 84dB（A）可下降至 75 dB（A），机房室内噪声可由 42 dB（A）下降到 35 dB（A）。

如果电梯有高频振动和共振现象，则要消除共振，才能消除噪声。如果曳引机的振动频率与轿厢的固有频率相接近，则只要改变曳引机的共振频率或轿厢的固有频率即可。由于曳引机各零部件的加工精度一经出厂就已确定，而且装配精度不宜现场调整，所以不适合调整曳引机的振动频率，而可调整轿厢的固有频率。轿厢的固有频率和轿厢的结构质量及钢丝绳的变化长度有关，所以可加一吸振装置。吸振装置由翼板和重物两部分组成，安装于绳头锥套拉杆的下部，安装和调整都比较方便。通过调整重物在翼板的不同位置，改变轿厢的结构质量，从而改变轿厢的固有频率，消除共振，也消除了噪声。

3. 门噪声及其消除方法

开、关门时会出现噪声，出现的种类、产生的原因及解决办法如表 4-2 所示。

表 4-2　门噪声出现的种类、产生的原因及解决办法

序号	噪声现象	原因	解决办法
1	厅门运行时抖动，甚至厅门差几毫米关不齐	①门上坎导轨沾有尘土形成块状的疙瘩； ②地坎槽内有异物	用细砂纸打磨门导轨，去除污垢并用煤油布擦洗，使门导轨洁净
2	厅门被打开时发出“当”的声音	①厅门钩锁不水平； ②钩锁与锁盒之间的间隙过小； ③轿门开门刀与钩锁轮之间的间隙过大； ④开门机开始开门速度过快	调整钩锁的水平度和钩锁弹簧，调整钩锁与锁盒之间的间隙，调整开门刀与钩锁轮之间的间隙为 4～6mm，减小起始开门速度，使开门刀将钩锁完全打开后再加速运行
3	厅门即将关闭时发出“当”“嚓”的声音	①开门刀与钩锁轮之间的间隙过大，厅门过早脱开门刀； ②开门机关门末速度过快	调整开门刀与钩锁轮之间的间隙调整钩锁轮之间的距离，使开门刀能够完全包含着钩锁轮。调整关门末速度或使扭矩小一些
4	门快关闭时产生“吱”的响声	一般厅门副门锁都采用插入式，触点解除时产生“吱”的噪声	调整触点、避免触点与其塑料盒发生摩擦，可涂上少量凡士林
5	厅门开齐时发出刺耳的摩擦声	支撑厅门上坎的侧立柱偏斜，与厅门的防火边有摩擦	调整厅门的侧立柱，使之与地坎的边缘对齐，并将螺栓紧固
6	开门时有“嚓嚓”的响声	①厅门拖地摩擦地坎或厅门防火与门套有摩擦； ②厅门防撞胶条摩擦地坎； ③门钢丝绳有死弯，门运行时钢丝绳产生跳动，摩擦门锁盒	调整厅门与地坎的间隙，紧固门套与上坎的连接螺栓，提升厅门防撞胶条并固定，调整或更换厅门钢丝绳，使之运行时不产生跳动
7	开关门时发出“咯噹”声，并伴随着厅门的跳动或摆动	①门吊板的门轮损坏或门轮轴承损坏； ②门轮轴开焊、活动	更换损坏的门轮，重新铆接或焊接门轮轴
8	开关门时发出“嗡嗡”声或“嗒嗒”声	①吊门板的偏心轮与门上坎的间隙过小或过大； ②门机凸轮摩擦，有触点声； ③门电动机的轴承损坏	调整偏心轮与上坎的间隙为 0.2～0.5mm，门机凸轮涂上少许凡士林，更换门电动机
9	开齐或关齐门时有碰撞声	①上坎安装偏斜； ②厅门视界护板安装偏斜或距离过小； ③厅门或侧立柱没贴防撞胶皮	调整上坎应与地坎同在一个中线上，调整厅门视界护板的垂直度和距离，厅门和侧立柱贴上防撞胶皮块
10	开关门发出“沙沙”声	①强迫关门的重锤与导向套摩擦； ②悬挂重锤的钢丝绳头过长，摩擦立柱产生噪声	尽量缩短导向套的长度，重锤用热塑管封上以减小摩擦。将过长的钢丝绳头截短或用胶布缠好

4.2 电梯电磁干扰基础知识及安全技术

4.2.1 电梯电磁干扰基础知识

《电磁干扰和电磁兼容性名词术语》（GJB 72—85）对电磁干扰的定义为“任何可能引起装置、设备或系统性能降低，或者对有生命或无生命物质产生损害作用的电磁现象，被称为电磁干扰”。因此，对电梯变频系统及电梯控制系统在生产、设计、安装质量要求，应具有较强的抗电磁干扰能力和较小的电磁干扰性。《电梯制造与安装安全规范》（GB 7588—2015）首次提出电磁兼容性要符合《电磁兼容性-电梯，自动扶梯和自动人行道的产品系列标准-发射》（EN 12015—2014）和《电磁兼容性，电梯，自动扶梯和自动人行道的产品系列标准，免疫》（EN 12016—2013）中相关要求，并对电梯的设计、制造、安装中的电磁兼容性好坏、抗电磁干扰强弱及电磁干扰的大小，现标准要求更严，质量要求更高。

1. 电磁干扰的主要来源

电梯变频器大多运行在电磁环境中，同时作为电力电子设备，它们内部由电子元器件、微处理芯片等组成，最容易受到外界的电磁干扰；其次是电梯变频器中的输入部分产生的高次谐波和电梯变频器中逆变电路输出电压产生的高次谐波，此类谐波会使输入的电压波形和电流波形发生畸变而引发电磁干扰；输入和输出侧的电压、电流含有丰富的高次谐波，成为干扰源，除对变频器本身的干扰外，对其他电子设备也存在较强的有害干扰。

在电子线路中，电梯变频器作为电磁干扰源，同时也是电磁干扰的接受体，同样也会受到其他电子设备产生的电磁干扰，如常见的电磁干扰主要来源于电梯制动器线圈与磁心吸合或释放；接触器、继电器及电气线路中电容、线圈工作过程中，控制电路及其他电路中产生的电磁干扰。

2. 电磁干扰的分类

电磁干扰按干扰类型分类，常见的有脉冲干扰和平滑干扰；按干扰时间分类，又分为连续干扰、间歇干扰、瞬变干扰等。在变频电梯中最常见的电磁干扰是脉冲干扰、平滑干扰、连续干扰、瞬变干扰。

（1）脉冲干扰是指当电磁干扰通过谐振回路时，在回路中产生衰减振荡，其峰值比平均值大 4 倍以上，而干扰振荡在下一个干扰脉冲到来之前早已消失，且互不交叠，具有这种电磁干扰的为脉冲干扰。

（2）平滑干扰是指当电磁干扰通过谐振回路时，所产生的衰减震荡尚未消失。下一个干扰脉冲信号已经到来，各干扰脉冲交叠在一起，称为平滑干扰。

（3）连续干扰是指电磁干扰长时间、持续不断地产生干扰。

（4）间歇干扰是指电磁干扰时间短，且断断续续的。

（5）瞬变干扰是指电磁干扰时间较短，但有周期性的特点。

电磁连续干扰和瞬变干扰在电梯变频系统和控制系统比较常见，其危害性也相当大。

3. 电磁干扰的形式和特点

受到电磁干扰，常见的主要为直接干扰和噪声干扰。直接干扰是对一般电子线路、控制线路、变频装置的干扰，主要影响电梯变频器、控制系统的参数和稳定性，参数的改变和稳定性变异，其危害性非常大，往往会使电梯莫名其妙地停梯及不明原因地发生故障，给电梯运行安全带来严重隐患。此类干扰较常见，主要为电磁脉冲干扰或瞬变干扰。

有人说电磁干扰的产生也就是噪声的产生，此种说法非常现实，电磁干扰除对变频电梯的变频系统及控制系统产生直接干扰外，电磁干扰也会产生噪声干扰。电梯运行中电磁干扰产生的噪声，是最常见而且是最容易发现的。通常电梯变频器运行在一个可能存在着较高电磁干扰的电磁生产环境中，此时它既是噪声发射源，可能又是噪声接收器。所以，变频器和其他电子设备应具备较强的抗干扰能力，才能保证其主要参数不会改变，系统性能不会降低，保证控制系统的安全运行。电磁干扰产生的噪声有3种常见形式，即电磁噪声、自然噪声、无线电噪声。在电梯检验中经常会发现，有些变频电梯的控制柜内，会出现一种连续不断“吱吱”的高频噪声，其频率一般在2000～6000Hz或更高，这就是在电梯逆变电路中产生或控制电路中寄生电流产生的电磁干扰噪声。在逆变电源输出线路中，电机电缆和电机内部存在一个无形的寄生电容，变频器通过这个寄生电容产生一个高频脉冲噪声电流，此时变频器成为一个噪声源。

消除干扰、消除噪声，只是一种理想，目前尚无法绝对消除噪声，只能通过一些技术手段，使电磁干扰减小，电磁干扰噪声降低。从前面噪声来源分析，由于有些噪声电流之源是变频器，因此，这个噪声电流一定要流回变频器，否则噪声电流将会严重干扰电梯电源电路和控制电路。这些干扰主要是脉冲干扰、连续干扰，这类干扰如不消除，其危害性非常大，电梯运行会出现上述不安全现象或故障。

在电梯检验工作中常会发现，大多数早期变频拖动电梯，其电动机电源线未增设屏蔽套线，线路中噪声电流无法通过屏蔽线和 PE（接地保护）连接点有效返回，而诱发电磁干扰噪声。更有甚之，部分变频器连接线、输出电源线未加装屏蔽线，导致电磁干扰增大，也是电梯机房内电磁噪声增大的主要原因。

4.2.2 电梯电磁干扰安全技术

1. 电磁干扰的消除方法

电梯控制系统及变频器系统要求有较强的抗干扰能力和较小的干扰性，首先要了解电磁干扰的 3 个基本组成要素：电磁干扰源、耦合途径、敏感元件。在这 3 个基本要素中，缺少任何一个要素都不会发生电磁干扰，然而，在正常电磁生产环境中，任何一个要素都不可能会缺少，因为电梯变频器、电子线路、控制线路的设计、制造、安装均已定型，设备、产品的抗干扰性和内在质量都已无法改变。如果要解决电磁干扰问题，日常工作中仅能对电磁干扰源、耦合途径采取相应措施，降低或减少电磁干扰。

抗电磁干扰常用的技术方法有屏蔽、接地、滤波、搭线、隔离、合理布线等。通过对电磁干扰源、耦合途径采取上述技术措施，可有效减少或消除电磁干扰。在屏蔽技术中常用的有静电屏蔽、交变电磁场屏蔽、低频磁场屏蔽、高频磁场屏蔽。在电梯设计、安装中采用最多的是磁场屏蔽技术。

接地方法常用的有信号接地、设备接地、安全接地等。信号接地有多种，如悬浮接地（设备悬浮接地、电路悬浮接地）、单点接地（并联单点接地、改进并联接地）、混合接地（电源接地、信号接地）等。设备接地有单点接地、多点接地（设备多点接地、单元电路多点接地，射频部分需要多点接地）。安全接地有设备安全保护接地、接零保护接地、防雷安全接地。在电梯安装中，最常采用的是信号接地（单点、混合接地）、设备接地（单点、多点接地）、安全接地（设备安全保护接地、接零保护接地）。防雷接地在电梯安装中一般多不采用，要求在房屋建设中考虑保护性防雷接地。

提高电磁兼容性常采取的措施，是空间分离和时间分隔。空间分离是指控制空间辐射干扰的最有效方法，加大空间距离，例如电梯控制柜内的控制系统和变频系统进行分层布置，并在层层之间加大空间距离。时间分隔是利用有用信号在干扰信号停止发射时间内进行传输（一般是不易采用其他方法控制时，可以采用此方法）的技术措施，首先对有用信号和干扰信号出现时间进行确定，然后采用时间回避控制，利用有用信号在干扰信号停止发射时间内进行传输，利用时间差回避干扰。这种方法在电梯变频系统和控制系统一般不用。

2. 消除电磁干扰常采用的措施

（1）利用屏蔽技术减少电磁干扰。为有效抑制电磁波的辐射和传导及高次谐波引发的噪声电流，用变频器驱动的电梯电动机电缆必须采用屏蔽电缆，屏蔽层的电导至少为每相导线芯的电导线的 1/10，且屏蔽层应可靠接地。

控制电缆最好使用屏蔽电缆；模拟信号的传输线应使用双屏蔽的双绞线；不同的模拟信号线应该独立走线，有各自的屏蔽层，以减少线间的耦合；不要把不同的模拟信号置于同一公共返回线内；低压数字信号线最好使用双屏蔽的双绞线，也可以使用单屏蔽的双绞线。模拟信号和数字信号的传输电缆，应该分别屏蔽和走线。

（2）利用接地技术消除电磁干扰。要确保电梯控制柜中的所有设备接地良好，应使用短而粗的接地线，连接到电源进线接地点（PE）或接地母排上。特别重要的是，连接到变频器的任何电子控制设备都要与其共地，共地时也应使用短和粗的导线。同时，电动机电缆的地线应直接接地或连接到变频器的接地端子（PE）。上述接地电阻值应符合相关标准要求。

（3）利用布线技术改善电磁干扰。电动机电缆应独立于其他电缆走线，同时应避免电动机电缆与其他电缆长距离平行走线，以减少变频器输出电压快速变化而产生的电磁干扰；如果控制电缆和电源电缆交叉时，应尽可能使它们按 90° 角交叉，同时必须用合适的线夹将电动机电缆和控制电缆的屏蔽层固定到安装板上。

（4）利用滤波技术降低电磁干扰。利用进线电抗器用于降低由变频器产生的谐波，同时也可用于增加电源阻抗，并帮助吸收附近设备投入工作时产生的浪涌电压和主电源的尖峰电压。进线电抗器串接在电源和变频器功率输入端之间。当对主电源电网的情况不了解时，最好加进线电抗器。在上述电路中还可以使用低通频滤波器（FIR，下同），FIR 滤波器应串接在进线电抗器和变频器之间。对噪声敏感的环境中运行的电梯变频器，采用 FIR 滤波器可以有效减小来自变频器传导中的辐射干扰。

思　考　题

1．生活中的电梯噪声主要来源有哪些？
2．产生电梯噪声的原因是什么？
3．应该如何治理电梯噪声？
4．电梯噪声的特点是什么？
5．什么是电磁干扰？电磁干扰有哪些形式和特点？
6．如何解决电磁干扰带来的影响？

第 5 章　自动扶梯安全技术

5.1　自动扶梯的基本结构

5.1.1　自动扶梯的结构

自动扶梯是以电力驱动，在一定方向上能够大量、连续运送乘客的开放式运输机械，具有结构紧凑、安全可靠、安装维修简单方便等特点。因此，在客流量大而集中的场所，如车站、码头、商场等处，自动扶梯得到广泛应用。

自动扶梯由桁架、驱动减速机、驱动装置、张紧装置、导轨系统、梯级、梯级链或齿条、扶栏扶手带，以及各种安全装置所组成，如图 5-1 所示。

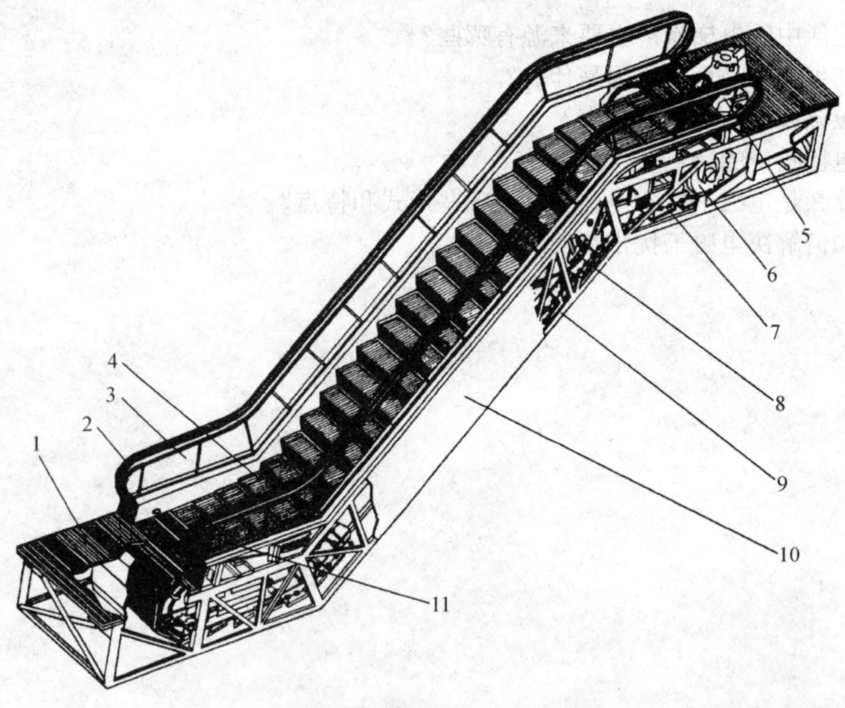

图 5-1　自动扶梯的结构

1—楼层板；2—扶手带；3—护壁板；4—梯级；5—端部驱动装置；6—牵引链轮；7—牵引链条；8—扶手带压紧装置；9—扶梯桁架；10—裙板；11—梳齿板

1. 桁架

桁架（图 5-2）是扶梯的基础构架，扶梯的所有零部件都装配在这一金属结构的桁架中。一般用角钢、型钢或方形与矩形管等焊制而成。

为保证扶梯处于良好工作状态，桁架必须具有足够刚度，其允许挠度一般为扶梯上、下支撑点点间距离的 1‰。必要时，扶梯桁架应设中间支承，该支承不仅起支撑作用，而且可随桁架的胀和缩自行调节。

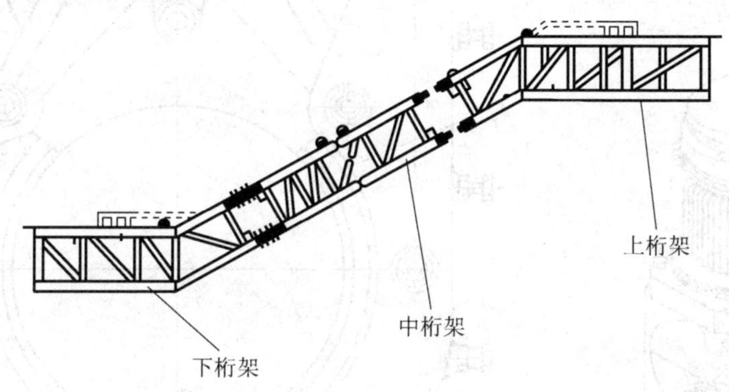

图 5-2　桁架

2. 驱动机（以链条式为例）

驱动机（图 5-3）主要由电动机、蜗轮蜗杆减速机、链轮、制动器（抱闸）（图 5-4）等组成。电动机按安装位置可分为立式与卧式，立式驱动机结构紧凑，占地少，重量轻，便于维修；噪声低，振动小。

案例：2011 年 7 月 5 日，北京地铁 4 号线动物园站 A 口上行自动扶梯发生了设备故障，造成梯级失控下滑，导致 1 死 28 伤的严重事故。

直接原因：上行扶梯，驱动主机固定失效，移位，驱动链松弛，梯级链牵引系统失去约束，在重力作用下转向加速下行。

主要原因：附加制动器失效，未能制停梯级逆转下行。

3. 驱动装置

驱动装置（图 5-5）主要由驱动链轮、梯级链轮、扶手驱动链轮、主轴及制动轮或棘轮等组成。该装置从驱动机处获得动力，经驱动链用以驱动梯级和扶手带，从而实现扶梯的主运动，并且可在应急时制动，防止乘客倒滑，确保乘客安全。

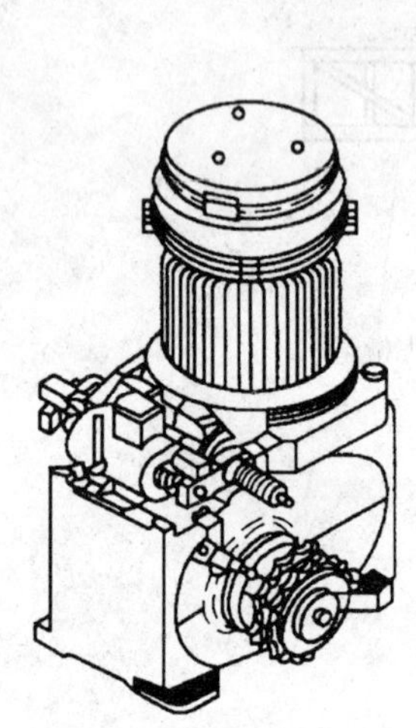
图 5-3 驱动机

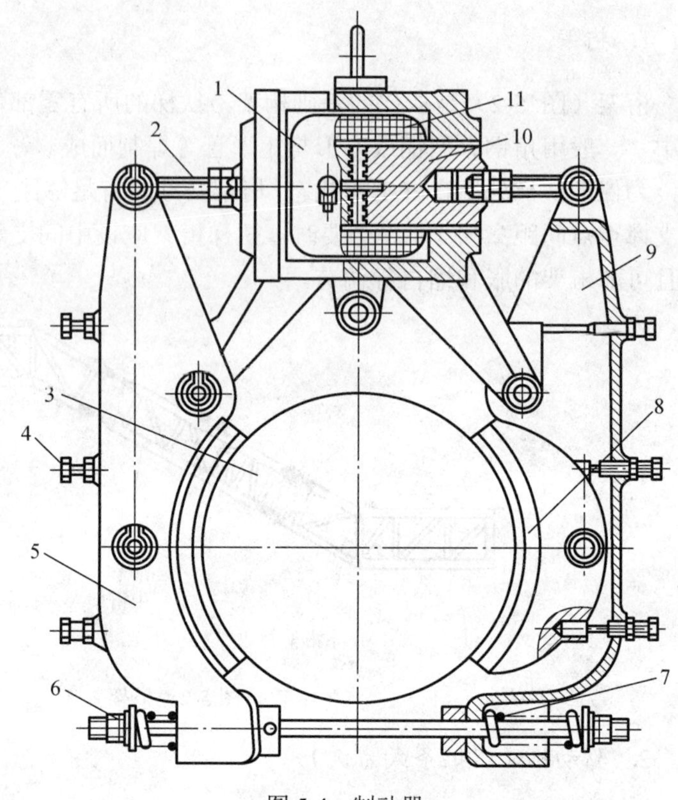

图 5-4 制动器

1—制动电磁铁；2—倒顺螺栓；3—制动轮；4—制动瓦块定位螺母；5—瓦闸；6—制动弹簧调节螺母；7—制动弹簧螺杆；8—闸皮；9—闸瓦架；10—电磁铁心；11—线圈

4. 张紧装置

张紧装置（图 5-6）由梯级链轮、轴、张紧小车及张紧梯级链的弹簧等组成。张紧弹簧可由螺母调节张力，使梯级链在扶梯运行时处于良好工作状态。当梯级链断裂或伸长时，张紧小车上的滚子精确导向产生位移，使其安全装置（梯级链断裂保护装置）起作用，扶梯立即停止运行。

5. 导轨

目前，相当一部分扶梯采用冷拔角钢作为扶梯梯级运行和返回导轨。采用国外技术生产的扶梯梯级运行和返回导轨均为冷弯型材，具有重量轻、相对刚度大、制造精度高等特点，便于装配和调整。

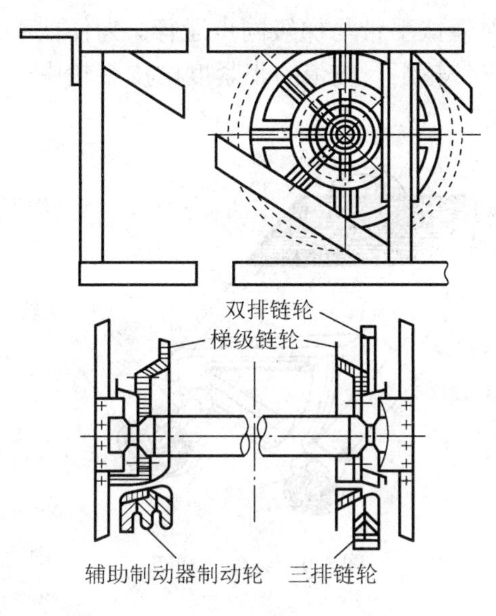

图 5-5 驱动装置

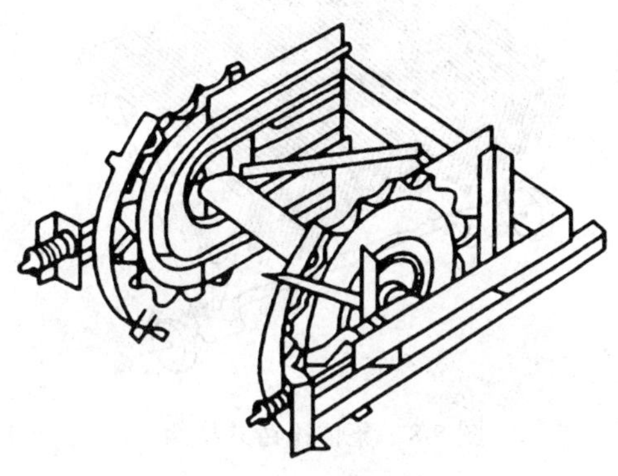

图 5-6 张紧装置

6. 梯级链

梯级链（图 5-7）由具有永久性润滑的支撑轮支撑，梯级链上的梯级轮就可在导轨系统、驱动装置及张紧装置的链轮上平稳运行；还使负荷分布均匀，防止导轨系统的过早磨损，特别是在反向区两根梯级链由梯级轴连接，保证了梯级链整体运行的稳定性。

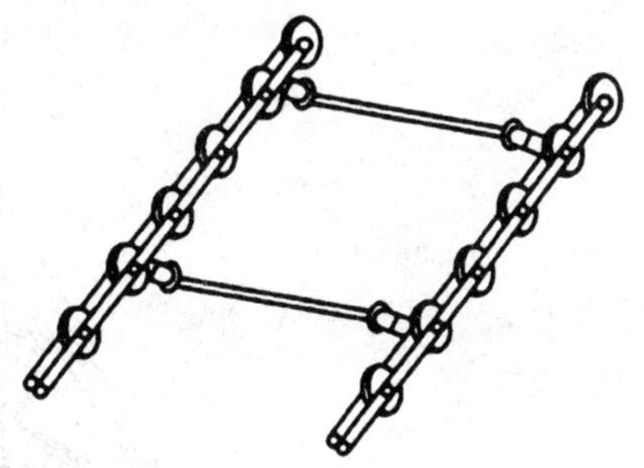

图 5-7 梯级链

7. 梯级

梯级有整体压铸式梯级与装配式梯级两类。

（1）整体压铸式梯级：整体压铸式梯级（图 5-8）系铝合金压铸，脚踏板和起步板铸有筋条，起防滑作用和相邻梯级导向作用。这种梯级的特点是重量轻，外观质量高，便于制造、装配和维修。

（2）装配式梯级：装配式梯级（图 5-9）是由脚踏板、起步板、支架与基础板、滚轮等组成，制造工艺复杂，装配后的梯级尺寸与形位公差的同一性差，重量大，不便于装配和维修。

8. 扶手驱动装置

扶手驱动装置（图 5-10）由驱动装置通过扶手驱动链直接驱动，无需中间轴，扶手带驱动轮缘有耐油橡胶摩擦层，以其高摩擦力保证扶手带与梯级同步运行。为使扶手带获得足够摩擦力，在扶手带驱动轮下，另设有皮带轮组。皮带的张紧度由皮带轮中一个带弹簧与螺杆进行调整，以确保扶手带正常工作。

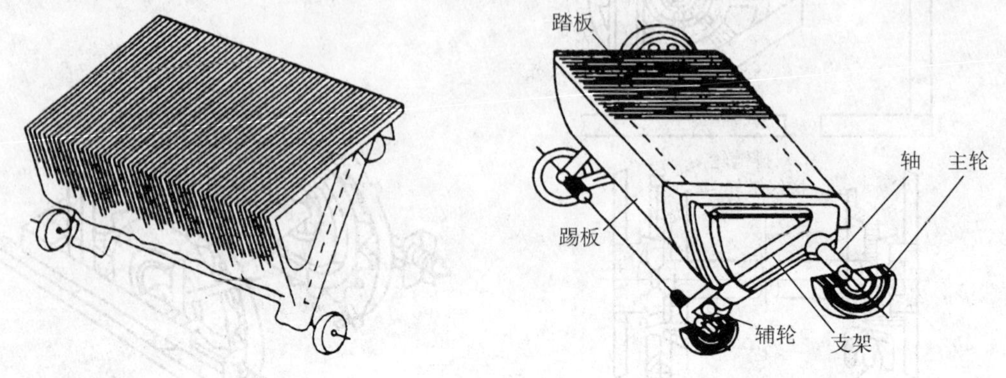

图 5-8　整体压铸式梯级　　　　图 5-9　装配式梯级

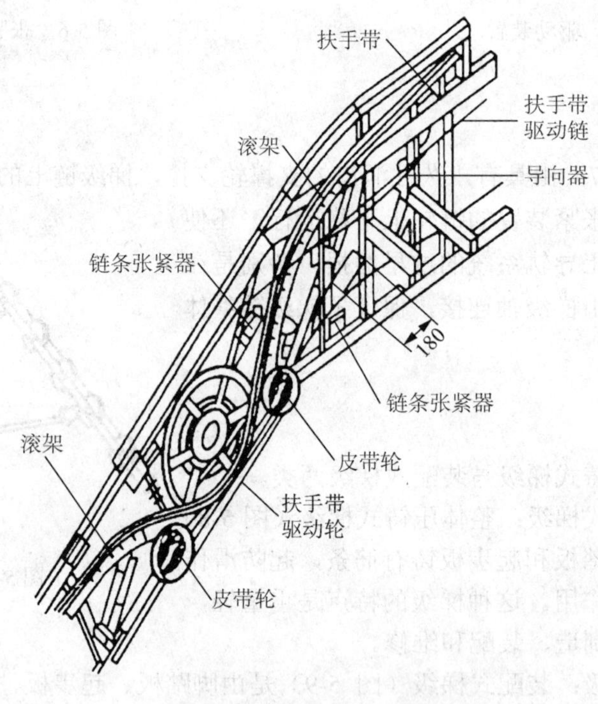

图 5-10　扶手驱动装置

9. 扶手带

扶手带由多种材料组成，主要为天然或合成橡胶、棉织物与钢丝或钢带等。扶手带的标准颜色为黑色，可根据客户要求，按照扶手带色卡提供多种颜色的扶手带。

10. 梳齿、梳齿板、楼层板

（1）梳齿：在扶梯出入口处应装设梳齿与梳齿板，以确保乘客安全过渡。梳齿上的齿槽应与梯级上的齿槽啮合，即使乘客的鞋或物品在梯级上相对静止，也会平滑地过渡到楼层板上。一旦有物品阻碍了梯级的运行，梳齿被抬起或位移，可使扶梯停止运行。

（2）梳齿板：用以固定梳齿。它可用铝合金型材制作，也可用较厚碳钢板制作。

（3）楼层板：既是扶梯乘客的出入口，也是上平台、下平台维修间（机房）的盖板，一般为薄钢板制作，背面焊有加强筋。楼层板表面应铺设耐磨、防滑材料，如铝合金型材、花纹不锈钢板或橡胶地板。

11. 扶栏

扶栏设在梯级两侧，起保护和装饰作用。它有多种形式，结构和材料也不尽相同，一般分为垂直扶栏和倾斜扶栏。这两类扶栏又可分为全透明无支撑扶栏、全透明有支撑扶栏、半透明扶栏及不透明扶栏 4 种。垂直扶栏为全透明无支撑扶栏，倾斜扶栏为不透明或半透明扶栏。

12. 润滑系统

所有梯级链与梯级的滚轮均为永久性润滑。主驱动链、扶手驱动链及梯级链则由自动控制润滑系统分别进行润滑。该润滑系统自动定时、定点直接将润滑油喷到链销上，使之得到良好的润滑。润滑系统中泵或电磁阀的启动时间、给油时间均由控制柜中的延时继电器控制。

13. 安全装置

自动扶梯是公共交通的重要工具，安全是至关重要的。随着计算机的应用，对故障的自动报警、自动显示、自动故障分析均能实现。根据扶梯安全标准（欧盟标准）规定，自动扶梯必须有以下 15 种安全装置：①断链（梯级链）急停开关；②断带（扶手带）急停开关；③梯级水平监测装置；④过电流保护，相位监测；⑤扶手入口触点；⑥梳齿板触点；⑦护栏围裙触点；⑧驱动轴安全制动器；⑨楼层地板安全触点；⑩梯的间隙照明；⑪应急开关；⑫盖门联锁装置；⑬电气防反转装置；⑭防梯级举升轨道；⑮扶梯内烟雾探测装置等。

5.1.2 自动扶梯的基本参数

自动扶梯的规格参数由速度、梯级宽度和提升高度 3 个数据组成，它决定了自动扶梯的工作能力（输送能力和提升能力）。

1. 速度

自动扶梯的速度分为名义速度和额定速度两种。

（1）名义速度，指自动扶梯在空载（无人）情况下的运行速度。名义速度是自动扶梯的标称速度，由制造商设计确定。我们平时所说的自动扶梯的速度指的就是名义速度。

（2）额定速度，指自动扶梯在额定载荷时的运行速度。当自动扶梯运送乘客时，速度会低于名义速度，这是驱动电动机的特性决定的。采用转差率小的电动机，额定速度与名义速度的偏差就会小。

但需要指出的是，《自动扶梯和自动人行道的制造与安装安全规范》（GB 16899—2011）没有规定自动扶梯的额定载荷如何计算。因此，额定速度目前没有确定的测量方法，只是该规范上的一个名词。

2. 梯级宽度

梯级宽度是指梯级的横向标称尺寸，如图 5-11 中的 z_1。

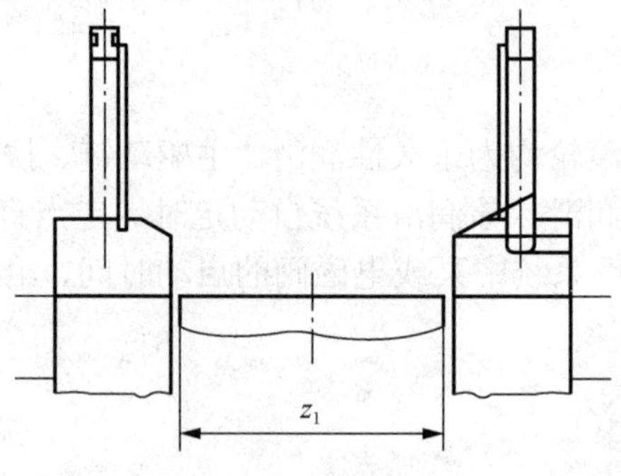

图 5-11　梯级宽度

《自动扶梯和自动人行道的制造与安装安全规范》（GB 16899—2011）规定梯级的宽度应为 0.58～1.1m。这个尺寸包含了 0.6m、0.8m、1m 三种标准规格的梯级标称宽度。在标称宽度一样的情况下，不同品牌扶梯的实际梯级宽度会略有不同，但一般都在规定的范围之内。

3. 提升高度

提升高度指自动扶梯出入口两楼层之间的垂直距离，如图 5-12 中的 h_{13}。

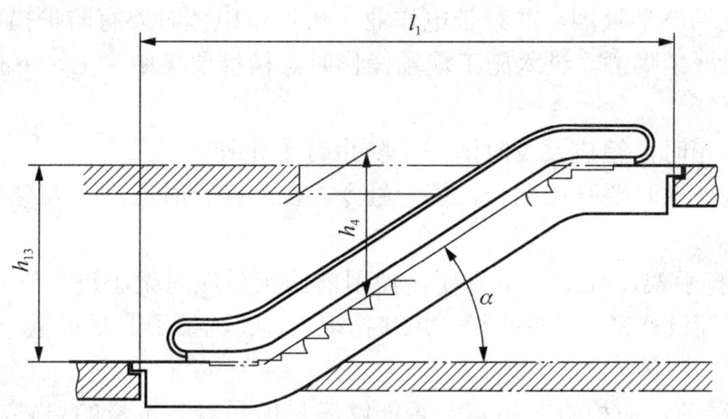

图 5-12 自动扶梯的主要参数

h_{13}—提升高度；l_1—跨度；α—倾斜角；h_4—梯级踏板面离建筑物的最小高度

自动扶梯没有最大和最小提升高度的限制，但高度太大的自动扶梯不仅造价高，安全性也不好，常用的提升高度是 5～8m，10m 以上的自动扶梯就可以称为大高度自动扶梯。目前有提升高度达 50m 以上的自动扶梯，也有提升高度不到 1m 的自动扶梯，但后者失去了提升乘客的意义，只是一种创意性设计。

5.2 自动扶梯安全相关技术

5.2.1 自动扶梯施工安全技术

1. 施工要求

（1）根据自动扶梯发货计划，工程队在进场前全面完成井道勘查、测量工作，负责协调土建方完成井道整改工作，同时清理、协调做好扶梯的移动路线。

（2）在扶梯到达工地前一周，把所有吊装设备根据现场实际情况，布置好吊点卷扬机、钢丝滑轮、电源、链式起重机等具体工作位置，同时布置好移动、吊装等工作面的警戒线。

（3）在扶梯到达工地卸货后，工程队现场全面检查货物情况。

（4）扶梯吊装方法：采用单边吊装法安装自动扶梯。首先，将扶梯预先吊装到扶梯井道最上一层楼层位置；其次，按扶梯编号顺序将所有自动扶梯吊装到位；最后，在所有的扶梯都吊装到位后，工程队马上做好水平、垂直等调校、清理工作。

（5）施工人员进入现场前必须戴好安全帽，工作服要穿着整齐，不得穿拖鞋、硬底鞋、带钉鞋、高跟鞋工作。高空作业必须系好安全带。女工如留有辫子，应用安全帽罩好。

（6）施工现场严禁吸烟，严禁带电作业。接近带电体时要有防护措施并有人监视。

（7）作业前严禁喝酒。进入施工现场操作时，精神要集中，上、下脚手架时要防止滑跌。

（8）拆设备箱时，箱皮要及时清理，防止钉子扎脚。

（9）在运输扶梯时要互相配合，统一号令，在入杠管时应注意人身安全，防止手指压入杠管内。

（10）设置脚手架，须上、下方便，使用前施工员应对架子进行检查验收，是否牢固可靠。脚手板铺设严密，无探头板，并绑扎牢固，底坑架子的载重量一定要符合要求，并且牢固可靠。

（11）在吊装前，应检查各吊点是否能够满足所吊设备重量的要求，而且要进行试吊装，确保吊装安全可靠，避免损坏设备或伤人等安全事故。

（12）吊装设备时，吊装索具要捆绑牢固，做到万无一失。吊装过程要保护好设备，严禁碰伤、刮伤设备。

（13）吊装设备时，要做到密切配合，统一行动，信号正确，防止误操作。特别是多台起重设备共同作业时，更要注意步调一致，避免设备受力不均导致安全事故发生。

（14）安装或修理时，应在两侧搭设施工脚手架，脚手架应与扶梯骨架呈斜坡阶梯式状，并搭设防护栏杆，必要时脚手架下应装安全网，经检查合格，安全牢固后才能使用。

（15）安装梯节链时，必须将梯节链上头固定住，或用大绳及吊链挂好，再做连接，不可麻痹大意，以防下滑伤人。

（16）安装梯节时应手动盘车进行或用扶梯检修操作检修盘进行点动，不能用正式开车钮。盘车或点动时应确认作业区域没有作业人员，以免发生意外人身事故。

（17）安装玻璃前，首先应将梯节装好，要轻搬、轻放防止碰撞，压紧时防止用力过猛，压碎玻璃伤人。玻璃固定严禁使用金属榔头进行敲打，可用木方或木榔头轻轻鞭打。

（18）电气焊工作现场要备好灭火器材；有具体的防火措施；要设专人看火；下班时要检查施工现场，确认无隐患，方可离去。

（19）乙炔瓶与氧气瓶离易燃明火的距离不得小于 10m，冬季施工时要防止乙炔瓶受冻，受冻时严禁用火烤解冻。

（20）乙炔瓶只许立用，不得垫在绝缘物上，不得敲击、碰撞，不应放置在地下室等不通风场所。严禁汞等物品与乙炔接触。

（21）在调试过程中上、下要呼应一致，并注意机头的盖板处防止突然起动，站立不稳而造成人身事故。

（22）调整试车时，梯级上不许站人；调试时，必须确认作业人员离开梯级区域后才能试车。

（23）在通电试运行前，要先将扶梯内的各物件清理干净，各润滑部位加油，并清理梯级，应有专人负责电器开关，停止运转后应立即关掉或拔去插头，在施工中应关闸挂牌以防运转伤人。

（24）进行断续开车试运转如果发现异常声音及碰擦，应立即停车检查并进行调整。

（25）维修时，如拆除基坑盖板或扶手，应临时加装挡板。自动扶梯或自动人行道出入口都应挂有“危险”“闲人莫入”等醒目警告标志，防止误入发生事故。

（26）拆装机器时，四周不允许堆放杂物，并随时注意机件坠落的可能，拆装大件时，尽量使用机械或半机械作业，在确实不能使用机械而且又不安全可靠的情况下，应加强力量，至少 3 人以上操作，并有专人负责指挥。

2. 自动扶梯安装质量检验

自动扶梯项目检验内容及要求如表 5-1 所示。

表 5-1　自动扶梯项目检验内容及要求

部位	项目	检验内容及要求
上、下平台机房	1. 使用环境	①出入口处应有足够容纳乘客区域，宽度应不小于扶手带中心线之间的距离，深度应从扶手带转折处算起至少为 2.5m； ②出入口区应有一块安全立足的地面，该地区从梳齿根部算起纵深至少为 0.85m； ③扶梯的梯级上空垂直净高度≥2.3m
	2. 机房门锁	门锁只能用钥匙或专用工具打开
	3. 主开关及照明	①每台电梯都应设有可切断动力电源的主开关，各开关应有明显标志； ②机房内应有永久照明和用于检修的行灯，驱动站和转向站内应有 220V，2P+E 型插座
	4. 检修空间	①驱动机房和转向站应有面积不小于 $0.3m^2$，短边长度不小于 0.5m 的站立空间； ②控制柜（屏）前面应提供不小于 0.5m×0.7m 的矩形空间； ③需要保养和检查运行部件的地方应提供不小于 0.5m×0.6m 的空间
	5. 清洁卫生	应保持清洁、无杂物、污水
标志与铭牌	1. 警示标志	在入口附近应有提醒乘客扶手站立等字样的标志，如使用象形图形表示，其最小尺寸为 80mm×80mm，颜色为白底上蓝色（指示符号为红色）
	2. 铭牌	在入口明显处应有制造厂铭牌等字样
驱动装置	1. 运行状态	驱动机构运行良好，无异常声响和振动，减速箱无漏油
	2. 驱动链及梯级动链	①应保证合理的张紧度，其松弛下垂量为 10～15mm； ②润滑良好，无过度磨损
	3. 链轮、链条	工作表面应保持清洁，链轮上应有与运动方向相对应的标志
	4. 制动器	①扶梯运行时，制动闸瓦与制动轮间隙应均匀，间隙≤3mm； ②制动性能良好，零部件无缺陷，制动带无过量磨损
梯级与梳齿板	1. 梯级表面	梯级或踏板表面不应破损，固定应良好，在运行方向和横向不应有过量的游动
	2. 照明	梳齿板处应有足够的照明
	3. 梯级的间隙	在使用区域的任何位置，测量两个连贯梯级或踏板，其间隙≤6mm

续表

部位	项目	检验内容及要求
梯级与梳齿板	4．梯级与裙板的间隙	扶梯的裙板设在梯级的两侧，任一侧的水平间隙≤4mm，或两侧间隙总和≤7mm
	5．梳齿与梯级槽的啮合	梳齿与梯级踏板齿槽的啮合度应≥6mm，梯级或踏板表面至啮槽根的垂直距离≤4mm
	6．梯级导向及梯级水平段	①梯级在进入梳齿前，应有导向，梯级在水平运动段内，连贯梯级之间高度误差≤4mm； ②梯级水平段至少为0.8m，若提升高度大于6m，该水平段至少为1.2m，若为公共交通型自动扶梯，该水平段至少为1.6m
扶手带	1．超出梳齿的延伸段	在扶梯入口处，扶手带超出梳齿延伸段水平长度，应至少为自梳齿根起延伸出0.3m
	2．与扶手导轨的间距	扶手带开口处与扶手导轨或扶手支架间的间距，在任何情况下应≤8mm
	3．与障碍物水平距离	扶手带外缘与墙壁或其他障碍物之间的水平距离应≥80mm，且这个距离至少保持至梯级上方至少2.1m高度处
	4．与踏板垂直距离	扶手带距离梯级踏板的垂直距离不小于0.9m，且不大于1.1m
	5．转向入口处与楼层板间距	扶手带在扶手转向处的入口与楼层板的间距应不小于 0.1m，且不大于0.25m
	6．保护装置	扶手带的导向与张紧，应能使其在正常运行时不会脱离扶手导轨
围裙板及盖板	1．安装要求	围裙板扇应十分坚固、光滑、平整，不应有孔、嵌条等
	2．间距	相邻裙板应对接，对接间隙≤1mm，围裙板应垂直，上缘或内盖板折线处与梯级踏板面之间垂直距离应≥25mm
	3．内盖板倾角	内盖板和垂直栏板应具有水平面不小于25° 的倾角
	4．内外盖板	内外盖板的对接处应平齐与光滑，颜色一致
扶手装置	1．扶栏	朝向梯级一侧的扶栏应是光滑的，压条或镶条的装设方向与运动方向不一致时，其突出部分应≤3mm，且应坚固和具有圆角或倒角边缘
	2．两护壁板的间隙	两护壁板之间的缝隙应≤4mm，其边缘应是倒角或圆角，当采用玻璃时应是单层的防碎安全玻璃，其厚度≥6mm
	3．两护壁板水平距离	两护壁板之间下部位置的水平距离应不大于上部位置的水平距离，护壁之间任何位置的水平距离应小于扶手带中心线的距离
桁架与导轨	1．桁架	能确保扶梯具有足够的承载能力
	2．导轨	①导轨的接头应平整、直线段应垂直； ②梯级运行时，不应感到过大的冲击、振动和位移； ③应能限制梯级的折叠和位移，在梳齿处保证梳齿与梯级或踏板的正确啮合
检查装置	1．停止开关	每个检修控制装置应设一个停止开关，停止开关一旦动作就应保持在断开位置
	2．标记	检修控制装置应设有明显识别运动方向的标记
	3．控制装置	检修装置应设置电缆长度不小于3m的便携式手动操作的检修控制装置
驱动装置	1．检修插座	当使用检修控制装置时，其他的有起动开关都应不起作用
	2．操作元件	检修装置、操作元件应能防止发生意外动作，且只允许自动扶梯在操作元件用手长期按压时间内运转

续表

部位	项目	检验内容及要求
安全防护装置	1．接地	桁架和电气设备外壳应可靠地接地并保证从进入机房起地线和中性线始终分开
	2．电气防护	在各分离机房、驱动和返回机房内，电气部件应采用防护罩壳，以防止直接触电
	3．电气绝缘	导体之间的和导体对地之间的绝缘电阻必须大于1000Ω，并且其值不小于： ①动力电路和电气安全电路为 0.5MΩ； ②其他电路（控制、照明、信号等）为 0.25 MΩ
	4．急停按钮	在扶梯的出入口处应设有便于靠近和操作的紧急停止按钮
	5．停止开关	在驱动站和转向站应设有能使自动扶梯停止运行的停止按钮（如装有主开关、则该处可不设停止开关），且动作可靠停止开关应是： ①手动非自动复位的开关； ②具有清晰的、永久的转换位置标记； ③符合安全触点的要求
	6．垂直防碰挡板	扶手带中心线与障碍物之间的距离小于 0.5m 时，或在与楼板交叉处及各交叉设置的自动扶梯之间，应在外盖板上方设置符合要求的垂直防碰挡板，其高度不应小于 0.3m
	7．防护栏杆	自动扶梯的楼层地板开口周围应设防护栏杆，出入口附近如设置护板，应采用防儿童钻爬结构
	8．黄色标记	手轮、制动盘等不便防护的运动装置，应部分漆成黄色
安全保护装置	1．梳齿异物保护装置	如有异物卡入梯级与梳齿板之间，且产生损坏梯级或梳齿板支撑结构的危险时，该装置应使自动扶梯停止运行。检验时可人为让此装置动作
	2．超速限速器	扶梯在速度超过额定速度 1.2 倍之前时，该装置应切断电源使扶梯自动停车。（如果交流电动机与梯级间的驱动是非摩擦性的连接，并且转差率不超过 10%的除外）检验时，可人为动作此装置
	3．梯级链保护装置	驱动装置与转向装置之间的距离（无意性）变化或链条断裂时，该装置应使扶梯自动停止运行。检验时可人为让装置动作
	4．防逆转保护装置	梯级改变规定运行方向时，该装置应能使扶梯自动停止运行，且制动器可靠制动。检验时可人为让此装置动作
安全保护装置	5．驱动链保护装置	当驱动链条过分伸长或断裂时，该装置使行程开关动作后断电，从而停机，起到安全保护作用。检验时，可人为让此装置动作
	6．扶手带保护装置	用手指（或大小相近的物品）插入扶手带入口处该装置应动作，切断安全回路，扶梯停止运行；人为动作扶手带断裂保护装置，受扶手带压制的行程开关动作，扶梯断电停机
	7．梯级或踏板下沉保护装置	当发生支架断裂、主轮破裂、踏板断裂等现象，造成梯级下沉或踏板下陷时，该装置动作达到断电停机。检验时，可人为让此装置动作
	8．断、错相保护装置	将总电源输入线断去一相或交换相序，扶梯应不能工作
	9．裙板保护装置	扶梯空载运行时，在扶梯出入口处的裙板上施加一力，该装置应立即切断安全回路，扶梯立即停运
附加制动器		下列情况应设附加制动器： ①工作制动器和梯级、踏板之间不是由轴、齿轮、多排链、两根或两根以上单排链传动的； ②工作制动器不是机电式制动器； ③提升高度超过 6m； ④公共交通型的自动扶梯。 在下列情况时，附加制动器应动作： ①运行速度超过额定速度 1. 4 倍； ②扶梯改变设定的运行方向

3. 自动扶梯安装验收检验

自动扶梯安装验收检验内容及要求如表 5-2 所示。

表 5-2　自动扶梯安装验收检验内容及要求

序号	项目	验收检验内容与要求
1	技术资料	制造单位应提供下列资料和文件： ①直接驱动梯级的部件（如梯级链、牵引齿条等）要具有足够抗断裂强度的计算证明或检验报告； ②梯级的证明文件； ③对于公共交通型自动扶梯应有扶手带的断裂强度证书； ④总体布置图； ⑤安装、使用、维护说明书； ⑥电气原理图和接线图及安全开关示意图
2	技术资料	安装单位应提供下列资料和文件： ①施工情况记录和自检报告； ②安装过程中事故记录与处理报告； ③由使用单位提出的经制造单位同意的变更设计的证明文件
3	驱动和转向站	改造单位除提供 1、2 项要求的内容外，还应提供改造部分的清单、主要部件合格证、型式试验报告副本、改造部分经改造单位批准并签章的图样和计算资料
4	驱动和转向站	使用单位应建立自动扶梯运行管理制度（如故障状态救援操作规程，自动扶梯钥匙使用保管制度）
5	驱动和转向站	在机房和转向站内应有一块面积至少为 0.3m^2，其较小一边的长度不少于 0.5m 的没有任何固定设备的站立面积的空间
6	驱动和转向站	当主驱动装置或制动器装在梯级、踏板或胶带的载客分支和返回分支之间时，在工作区段应提供一个适当的接近水平的立足平台，其面积不应小于 0.12m^2，最小边尺寸不小于 0.3m。该平台允许是固定的或移动的，如系后者，应置于近处备用，为此应制定必要的规定
7	驱动和转向站	在固定式控制柜（屏）宽度（但不可小于 0.5m）范围的前方的区域内要有一个自由空间，其深度至少为 0.8m
8	驱动和转向站	分离机房、分离驱动和转向站内在需要对运动部件进行维修和检查的地方，应有一个底面积至少为 0.5m×0.6m 的自由空间
9	驱动和转向站	如果转动部件易接近和对人有危险，应设有效的防护装置，特别是必须在内部进行维修工作的驱动站或转向站的梯级转向部分
10	驱动和转向站	分离机房、分离驱动和转向站的电气照明应为常备的手提行灯
11	驱动和转向站	在金属结构内的机房、驱动和转向站的每一处应配备一个或多个 2P+PE 型电源插座
12	驱动和转向站	在驱动主机附近、转向站中或控制装置旁应装设一只能切断电动机、制动器释放装置和控制电路电源的主开关。该开关应不能切断电源插座或检修和维修所必需的照明电路电源
13	驱动和转向站	应能采用挂锁或其他等效方式将主电源锁住或使它处于“隔离”位置，主开关的控制机构应在打开门或活门板后能迅速而容易的操纵
14	驱动和转向站	主开关应能切断自动扶梯正常使用情况下最大电源的能力
15	驱动和转向站	当暖气装置、扶手照明和梳齿板照明是单独供电时，各相应开关应位于主开关近旁并要有明显的标志

续表

序号	项目	验收检验内容与要求
16	驱动和转向站	在驱动和转向站中应设置使自动扶梯停止运行的停止开关，如果驱动站已设置了主开关，可不设停止开关。停止开关的动作应能切断驱动主机电源，并使工作制动器制动
17		16 项中所述的停止开关应为： ①手动非自动复位的开关； ②具有清晰的、永久的转换位置标记； ③符合安全触点的要求
18		导体之间的和导体对地之间的绝缘电阻必须大于 1000Ω，并且其值不小于： ①动力电路和电气安全电路为 0.5MΩ； ②其他电路（控制、照明、信号等）为 0.25MΩ
19		中性线与地线应始终分开
20		断相保护装置功能可靠
21		主机供电电源应由两个独立的接触器来中断，接触器的触头应串接于供电电路中，如果自动扶梯停止时，接触器的任一主触头未断开，应不能重新启动
22		直接与电源连接的电动机应进行短路保护
23		直接与电源连接的电动机应采用手动复位的自动开关进行过载保护，该开关应切断电动机的所有供电。当过载检测取决于电动机绕组温升时，则断路器可在绕组充分冷却后自动地闭合，只有再一次操作一个或数个开关才能再次起动扶梯
24		制动系统供电的中断至少应有两套独立的电气装置来实现，这些装置也可以中断驱动主机的电源。如自动扶梯停车后，这些电气装置中的人一个还没有断开，应不能重新起动
25		能用手释放的制动器，应由手的持续力使制动器保持松开的状态
26		如提供手动盘车装置，该装置应操作方便，不允许采用曲柄或多孔手轮
27		自动扶梯的起动（或当启动是自动时，由一个使用者经过某一点时使之自动启动，投入有效运行），应只能由指定人员才能操作一个或数个开关来实现 开关可采用：钥匙操作式开关，护盖可锁式开关等。该开关不应同时用作主开关
28		启动时，操纵开关的人员在操作之前应能看到整个自动扶梯，或者应有措施保证在操作之前没有人正在使用自动扶梯，运行方向在开关的指示上应能明显识别
29		紧急停止装置设置在位于自动扶梯出入口附近的、明显且易于接近的位置
30		对于提升高度超过 12m 的自动扶梯，应增设附加急停装置。附加急停装置之间的距离不应超过 15m。（自动人行道不应超过 40m）
31	倾斜角和导向	自动扶梯的倾斜角α，不应超过 30°，当提升高度不超过 6m，额定速度不超过 0.5m/s 时，倾斜角α允许增至 35°
32		自动扶梯梯级在出入口应有导向，使其从梳齿板出来的梯级前缘和进入梳齿板梯级后缘至少应有一段 0.8m 长的水平距离。在水平运动段内，两个相邻梯级之间的高度误差最大允许为 4m。若额定速度大于 0.5m/s 或提升高度大于 6m，该水平运动距离应至少为 1.2m
33	相邻区域	自动扶梯及其周边，特别是在梳齿板的附近应有足够和适当的照明。室内或室外自动扶梯出入口处的光照度分别至少为 50lx 或 15lx
34		在自动扶梯的出入口，应有充分畅通的区域，以容纳乘客。该畅通区的宽度至少等于扶手带中心线之间的距离，从扶手带转向端端部算起，其纵深尺寸至少为 2.5m。如果该区域宽度增至扶手带中心距的两倍以上，则其纵深尺寸允许减少至 2m

续表

序号	项目	验收检验内容与要求
35	相邻区域	自动扶梯的梯级上空，垂直净空高度不应小于 2.3m
36		扶手带中心线与障碍物之间的距离小于 0.5m 时，为防止该障碍物引起人员伤害，应采取相应的预防措施。特别是在与楼板交叉处及各交叉设置的自动扶梯之间，应在外盖板上方设置符合规定要求的垂直防碰挡板，其高度不应小于 0.3m
37		扶手带外缘与墙壁或其他障碍物之间的水平距离在任何情况下均不得小于 80mm
38		对相互邻近平行或交错设置的自动扶梯，扶手带的外缘间距离至少为 120mm
39	扶手装置和围裙板	扶手带开口处与导轨或扶手支架之间的距离在任何情况下均不得超过 8mm
40		扶手装置应没有任何部位可供人员站立，应采取措施阻止人们翻越扶手装置，以免除跌落的危险
41		朝向梯级一侧扶手装置部分应是光滑的。其压条或镶条的装设方向与运行方向不一致时，其凸出高度不应超过 3mm，且应坚固和具有圆角或倒角的边缘
		围裙板与护壁板之间的连接处的结构应使钩绊的危险降至极小
42		护壁板之间的空隙不应大于 4mm，其边缘应呈圆角或倒角状
43		允许采用玻璃做成护壁板，这种护壁板应是单层安全玻璃（钢化玻璃），玻璃的厚度不应小于 6mm
44		围裙板应是十分坚固、平滑，且是对接缝的
45		自动扶梯的围裙板与梯级之间，任何一侧的水平间隙不应大于 4mm，在两侧对称位置处测得的间隙总和不应大于 7mm
46	梳齿与梳齿板	①梳齿板梳齿与踏板面齿槽的啮合深度应至少为 6mm，梳齿根部与踏板面齿顶部间隙不应超过 4mm； ②梳齿板梳齿或踏板面齿应完好，不得有缺损
47		梳齿板或其支撑结构应为可调式的，以保证正确啮合。梳齿板应易于更换
48	安全装置	在扶手带入口处应设有保护手的装置，并应装设一个自动扶梯自动停止运行的开关，且灵活可靠
49		如有异物卡入梯级与梳齿板之间，且产生损坏梯级或梳齿板支撑结构的危险时，自动扶梯应停止运行
50		自动扶梯应配备速度限制装置，使其在速度超过额定速度 1.2 倍之前自动停车，同时切断自动扶梯的电源。（如果交流电动机与梯级间的驱动是非摩擦性的连接，并且转差率不超过重 10%的除外）
51		自动扶梯应设置一个装置，使其在梯级改变规定运行方向时，自动停止运行
52		直接驱动梯级的元件（如链条或齿条）的断裂或过分伸长，自动扶梯应自动停止运行
53		驱动装置与转向装置之间的距离（无意性缩短，自动扶梯应自动停止运行）
54		应设置一个保护装置，当下陷的梯级运行到梳齿板相交线前足够长的距离时，该装置能动作，以保证下陷的梯级不能到达梳齿相交线
55		用于公共交通型的扶梯，如果制造厂商没有提供扶手带的破断载荷至少 25kN 的证明，则应提供能使自动扶梯在扶手带断裂时停止运行的装置，且功能可靠
56	检修装置	自动扶梯应设置便携式手动操作的检修控制装置
57		检修控制装置的电缆长度至少为 3m
58		在驱动站和转向站内至少提供一个用于便携式检修控制装置连接的插座，检修插座的设置应能使检修控制装置到达自动扶梯的任何位置

续表

序号	项目	验收检验内容与要求
59	检修装置	①检修控制装置的操作元件应能防止发生意外动作，自动扶梯只允许在操作元件用手长期按压时间内运转； ②每个检修控制装置应配置一个停止开关，停止开关一旦动作就应保持在断开位置
60		检修操作开关的指示装置上应有明显识别运行方向的标记
61		当时用检修控制装置时，其他所有起动开关都应不起作用。所有检修插座应这样设置，即当连接一个以上的检修控制装置时，或者都不起作用，或者需要同时都起动才能起作用。安全开关和安全电路应仍起有效作用
62	制动器	在下列任何一种情况下，自动扶梯应设置一只或多只附加制动器，该制动器直接作用于梯级驱动系统的非摩擦元件上（单根链条不能认为是一个非摩擦元件）： ①工作制动器和梯级驱动轮之间不是用轴、齿轮、多排链条、两根或两根以上的单根链条连接的； ②工作制动器不是机电式制动器； ③提升高度超过 6m。 附加制动器应为机械式的（利用摩擦原理）
63	自动启动停止	由于使用者的经过而自动启动的自动人行道，应在该使用者走到梳齿相交线之前启动运行 ①光束：应设置在梳齿相交线之前至少 1.3m 处。 ②触点踏垫：其外缘应设置在梳齿相交线之前至少 1.8m 处，沿运行方向的触点踏垫长度至少为 0.85m。施加在其表面为 25cm^2 的任何点上的载荷达 150N 之前就应作出响应
64		在由使用者通过而自动启动的自动人行道上，如果使用者能从与预定运行方向相反的方向进入时，那么自动人行道仍应按预先确定的方向起动，运行时间应不少于 10s
65		控制系统应能使由使用者通过而自动起动的自动人行道经过一段足够的时间（至少为预期乘客输送时间再加上 10s）才能自动停止运行
66		电气元件和导线端子编号应清晰，并与技术资料相符
67		在自动人行道入口处应设置使用须知的标牌，标牌须包括以下内容： ①必须拉住小孩； ②宠物必须抱住； ③站立时面朝运行方向，脚须离开梯级边缘； ④握住扶手带。 这些使用须知，应尽可能用象形图表示
68		紧急停止装置应涂成红色，并在此装置上或紧靠它的地方标上“停止”字样
69		如果备有手动盘车装置，那么在其附近应备有使用说明，并且应明确地标明自动人行道的运行方向
70		自动人行道至少在一个出入口的明显位置，应用中文标明： ①制造厂家的名称； ②产品型号标志。 系列编号（可能的话）
71		若为自动起动式自动人行道，则应配备一个清晰可见的信号系统，以便向乘客指明自动人行道是否可供使用及其运行方向

5.2.2 自动扶梯运行安全技术

1. 乘坐自动扶梯安全规则

（1）幼儿乘坐电梯，需要由家长陪同，家长必须牵领或抱起幼儿。

（2）步入自动扶梯前，应检查衣物，防止松散的鞋带、拖曳的长裙、包带等物被梯级边缘、梳齿板等挂住或拖曳。

（3）在入口处，要按顺序步入自动扶梯，要注意人员分散，不推挤。

（4）在自动扶梯上，不能将头部、四肢伸出扶手装置以外，以免受到障碍物、天花板、相邻的自动扶梯的撞击。

（5）不能将拐杖、雨伞尖端或者高跟鞋尖等尖利硬物插入梯级边缘的缝隙中或者梯级踏板的凹槽中，以防损坏梯级并造成人身意外事故。

（6）在乘坐自动扶梯时一定要站立并握紧扶手带，以避免在发生上行逆转时，自己跌倒或导致别人跌倒而受伤害。在扶梯出口处，注意抬脚顺势迈出。

（7）不要蹲坐在梯级踏板上，如果梳齿板有梳齿缺损、变形，蹲坐容易使臀部受到严重伤害。

（8）不要在梯级上乱扔烟头，丢弃果皮、瓶盖、雪糕棒、口香糖、商品包装等杂物。

（9）不能在梯级上蹦跳、嬉戏、奔跑，笨重物品和手推车尽量不要使用自动扶梯运输。

（10）不能攀爬扶手带或内外盖板，严禁在扶手带或内外盖板处玩耍。

（11）手推婴儿车、购物小推车等不能随人搭乘。以防车子失去平衡滚落，伤害其他乘客或损害设备。

（12）大楼发生火灾或地震时，不能搭乘自动扶梯，应通过消防楼梯撤离。

（13）自动扶梯和自动人行道发生水淹时不能搭乘，应尽快通过其他安全出口撤离。

（14）自动扶梯停止运行期间，不要当步行楼梯使用，梯级的垂直高度比普通步行楼梯要高得多，有可能因不适应而跌倒受到伤害。

（15）在正常情况下，不能按动紧急制动按钮，严禁恶作剧，以免乘客发生事故。

2. 发生自动扶梯安全事故的应急措施

（1）保护头部。两手十指交叉相扣、护住后脑和颈部，两肘向前，护住双侧太阳穴。

（2）保护好胸部。不慎倒地时，双膝尽量前屈，护住胸腔和腹腔的重要脏器，侧躺在地。

（3）每台扶梯的上部、下部和中部都各有一个紧急制动按钮，一旦发生扶梯意外，靠近按钮的乘客应第一时间按下按钮，使扶梯停止运行，以避免事态进一步恶化。

5.2.3 自动扶梯环境安全技术

自动扶梯的安全与周围环境关系联系非常紧密，不同环境下自动扶梯的安全运行需注意以下几点。

（1）扶梯的安全选择要考虑其承载能力，设置相应的安全系数，《自动扶梯和自动人行道的制造与安装安全规范》（GB 16899—2011）规定链条的安全系数不应小于 5。

（2）根据所需位置选用室内型还是室外型扶梯。一般用于公路建设中的扶梯属于室外型，商场内的扶梯属于室内型，介于室内、室外之间的地理位置，通常选择室外型。

（3）扶梯要防杂物防水，尤其是室外型扶梯，需要考虑雨雪灰尘天气的影响。

（4）扶梯要考虑温度变化的影响，季节的变化对扶梯的零部件性能有较大的影响。

（5）扶梯还应当考虑运送时间，运送成本等外在因素的影响。

思　考　题

1．自动扶梯有哪些主要零部件？

2．扶梯的主要安全装置有哪些？

3．现场拼接扶梯时，应注意哪些安全事项？

4．怎样对自动扶梯进行调试？其安全注意事项有哪些？

5．对自动扶梯验收时主要应验收哪些部位？

6．检验时应对扶梯进行哪些试验？

下篇

电梯行业职业道德与相关法规

第 6 章　电梯从业人员职业道德

6.1　职业道德的基本内容

6.1.1　道德与职业道德

道德是指以善恶为标准，通过社会舆论、内心信念和传统习惯来评价人的行为，调整人与人之间，以及个人与社会之间相互关系的行为规范的总和。而职业道德是随着社会分工的发展，并出现相对固定的职业集团时产生的。人们的职业生活实践是职业道德产生的基础。

在原始社会末期，由于生产和交换的发展，出现了农业、手工业、畜牧业等职业分工，职业道德开始萌芽。

进入阶级社会以后，又出现了商业、政治、军事、教育、医疗等职业。在一定社会的经济关系基础上，这些特定的职业不但要求人们具备特定的知识和技能，而且要求人们具备特定的道德观念、情感和品质。各种职业集团，为了维护职业利益和信誉，适应社会的需要，从而在职业实践中，根据一般社会道德的基本要求，逐渐形成了职业道德规范。在古代文献中，早有关于职业道德规范的记载。例如，公元前 6 世纪的中国古代兵书《孙子兵法·计》中，就有“将者，智、信、仁、勇、严也”的记载。智、信、仁、勇、严五德被中国古代兵家称为将之德。中国古代的医生，在长期的医疗实践中形成了优良的医德传统。“疾小不可云大，事易不可云难，贫富用心皆一，贵贱使药无别”，是医界长期流传的医德格言。

资本主义商品经济的发展，促进了社会分工的扩大，职业和行业也日益增多、复杂。各种职业集团，为了增强竞争能力，增值利润，纷纷提倡职业道德，以提高职业信誉。在许多国家和地区，还成立了职业协会，制定协会章程，规定职业宗旨和职业道德规范。从而促进了职业道德的普及和发展。在资本主义社会，不但先前已有的将德、官德、医德、师德等进一步丰富和完善，而且出现了许多以往社会中所没有的道德，如企业道德、商业道德、律师道德、科学道德、编辑道德、作家道德、画家道德、体育道德，等等。

社会主义的职业道德是适应社会主义物质文明和精神文明建设的需要，在共产主义道德原则的指导下，批判地继承了历史上优秀的职业道德传统的基础上发展起来的。由于社会主义的各行各业没有高低贵贱之分，在职业内部的从业人员之间、不同职业之间以及职业集团与社会之间没有根本的利害冲突，因此，不同职业的人们可以形成共同的要求和道德理想，树立热爱本职工作的责任感和荣誉感。中国各行各业制定的职业公约，如商业和其他服务行业的“服务公约”、人民解放军的“军人誓词”、科技工作者的“科学道德规范”，以及工厂企业的“职工条例”中的一些规定，都属于社会主义职业道德的内容，它们在职业生活中已经发挥了巨大的作用。

6.1.2 职业道德基本规范

职业道德是指从事一定职业劳动的人们，在特定的工作和劳动中以其内心信念和特殊社会手段来维系的，以善恶进行评价的心理意识、行为原则和行为规范的总和，它是人们在从事职业的过程中形成的一种内在的、非强制性的约束机制。如在职业上不能用不正当的手法去谋取利益，不接受不应接受的利益，不能泄漏工作上的隐私，在面对雇主或上司不合理的要求时，必须本着良知拒绝。面对欠缺职业道德的个案，应该予以制裁，例如立法禁止，除了“口头警告”“内部处分”之外。其基本规范有诚实守信、爱岗敬业、团结协作、遵纪守法、开拓创新。

诚实守信是为人之本，从业之要。首先，做人是否诚实守信，是一个人品德修养状况优劣和人格高下的表现。其次，做人是否诚实守信，是能否赢得别人尊重和友善的重要前提条件之一。

爱岗就是热爱自己的工作岗位，热爱本职工作；敬业就是要用一种恭敬严肃的态度对待自己的工作，敬业可分为两个层次，即功利的层次和道德的层次。爱岗敬业作为最基本的职业道德规范，是对人们工作态度的一种普遍要求。

团结协作的要点是员工在其业务活动中，要互相支持、互相协作、互相配合，顾全大局，明确工作任务和共同目标，在工作中尊重他人，虚心诚恳，积极主动协同同事搞好各项业务等。

遵纪守法指的是每个从业人员都要遵守纪律和法律，尤其要遵守职业纪律和与职业活动相关的法律法规。遵纪守法是每个公民应尽的义务，是建设中国特色社会主义和谐社会的基石。

开拓创新是指人们为了发展的需要，运用已知的信息，不断突破常规，发展或产生某种新颖、独特的有社会价值或个人价值的新事物、新思想的活动。

6.2 电梯从业人员的职业道德

6.2.1 电梯从业人员职业道德的基本内容

电梯从业人员在遵守一般职业道德的同时还要加强本行业所独有的特殊职业道德。

（1）严格遵守各项规章制度，严守值班岗位。定时巡视电梯设备。

（2）负责客梯、员工梯、货梯电梯机房运行、维修、保养。

（3）坚守值班岗位，不在机房会客。

（4）及时排除故障，保证电梯设备正常运行。

（5）按时完成电梯设备的定期保养项目，按操作规程监督外包维修单位对电梯主体进行保养。

（6）优质、高效、低耗、安全地运行电梯设备，定期对设备进行维护保养，做到机房、设备、场地“三干净”。

（7）严格操作规程，杜绝违章蛮干。

（8）每年一次报请质量技术监督局进行特种设备年检。

（9）保管好维修工具和设备，做到工具齐全、设备完好、账物相符。

（10）严格交接班制度，保证值班室内、外清洁卫生。

（11）每班的当班人员对设备进行擦拭，保证清洁卫生。

6.2.2　电梯从业人员职业道德的基本意识

电梯从业人员要始终树立“安全第一”的思想，忠实执行安全职责，做到安全工作自我检查、自我监督，自觉地贯彻执行各项安全规章制度，把自己置于安全生产责任者的位置。

同时，严格执行电梯操作规程。电梯从业人员要根据不同的电梯，熟练操作程序，保证自身和乘客的安全。不超载运行，不违章运载危险品、易燃易爆物品。要定期或不定期地保养电梯，搞好清洁，使电梯外观整洁。认真做好运行记录，特别是要详细记录故障现象、可能发生的原因、现场情况、时间等。

第 7 章　特种设备安全法中与电梯专业有关的规定

7.1　特种设备安全法概述

7.1.1　特种设备的概念

特种设备是指对人身和财产安全有较大危险性的锅炉、压力容器（含气瓶）、压力管道、电梯、起重机械、客运索道、大型游乐设施、场（厂）内专用机动车辆。《中华人民共和国特种设备安全法》（以下简称《特种设备安全法》）适用于以上所述特种设备。

7.1.2　我国法律对特种设备运行管理的一般原则及规定

特种设备安全工作应当坚持安全第一、预防为主、节能环保、综合治理的原则。对特种设备实行目录管理，特种设备目录由国务院特种设备安全监督管理部门制定，制定后报送国务院批准之后才可执行。

全国特种设备安全监督管理工作由国务院特种设备安全监督管理部门负责，县级以上地方各级人民政府特种设备安全监督管理部门对本行政区域内特种设备安全实施监督管理。

特种设备生产、经营、使用单位应当遵守《特种设备安全法》和其他有关法律、法规，建立、健全特种设备安全和节能责任制度，加强特种设备安全和节能管理，确保特种设备生产、经营、使用安全，符合节能要求。特种设备行业协会应当加强行业自律，推进行业诚信体系建设，提高特种设备安全管理水平。任何单位和个人都有权向特种设备安全监督管理部门和有关部门举报涉及特种设备安全的违法行为，接到举报的部门应当及时处理。

7.2　特种设备在生产、经营、使用中的法律规定

7.2.1　特种设备生产、经营、使用的责任主体

特种设备生产、经营、使用单位及其主要负责人对其生产、经营、使用的特种设备安全负责。单位应当按照国家有关规定配备特种设备安全管理人员、检测人员和作业人员，并对其进行必要的安全教育和技能培训。以上所说 3 类从业人员均应当按照国家有

关规定取得相应资格，方可从事相关工作，并严格执行安全技术规范和管理制度，保证特种设备安全。

特种设备生产、经营、使用单位应当对特种设备进行自行检测和维护保养，对国家规定实行检验的特种设备应当及时申报并接受检验。国家鼓励投保特种设备安全责任保险。

7.2.2　特种设备生产许可制度

我国对于特种设备生产实行许可制度。生产单位应当具备下列条件，并经特种设备安全监督管理部门许可，方可从事生产活动：①有与生产相适应的专业技术人员；②有与生产相适应的设备、设施和工作场所；③有健全的质量保证、安全管理和岗位责任等制度。

特种设备生产单位应当保证特种设备生产符合安全技术规范及相关标准的要求。（特种设备安全技术规范由国务院特种设备安全监督管理部门制定）。生产单位对其生产的特种设备的安全性能负责，不得生产不符合安全性能要求和能效指标以及国家明令淘汰的特种设备。

特种设备出厂时，应当随附安全技术规范要求的设计文件、产品质量合格证明、安装及使用维护保养说明、监督检验证明等相关技术资料和文件，并在特种设备显著位置设置产品铭牌、安全警示标志及其说明。

7.2.3　电梯及其他特种设备安装、改造、修理的特别规定

电梯的安装、改造、修理，必须由电梯制造单位或者其委托的依照《特种设备安全法》取得相应许可的单位进行。电梯制造单位委托其他单位进行电梯安装、改造、修理的，应当对其安装、改造、修理进行安全指导和监控，并按照安全技术规范的要求进行校验和调试。电梯制造单位对电梯安全性能负责。

特种设备安装、改造、修理的施工单位应当在施工前将拟进行的特种设备安装、改造、修理情况书面告知直辖市或者设区的市级人民政府特种设备安全监督管理部门。特种设备安装、改造、修理竣工后，安装、改造、修理的施工单位应当在验收后 30 日内将相关技术资料和文件移交特种设备使用单位。特种设备使用单位应当将其存入该特种设备的安全技术档案。电梯的安装、改造、重大修理过程，应当经特种设备检验机构按照安全技术规范的要求进行监督检验；未经监督检验或者监督检验不合格的，不得出厂或者交付使用。

当特种设备进行改造、修理时，应按照规定需要变更使用登记的，应当办理变更登记，方可继续使用。特种设备存在严重事故隐患，无改造、修理价值，或者达到安全技术规范规定的其他报废条件的，特种设备使用单位应当依法履行报废义务，采取必要措施消除该特种设备的使用功能，并向原登记的特种设备安全监督管理部门办理使用登记

证书注销手续。报废条件以外的特种设备，达到设计使用年限可以继续使用的，应当按照安全技术规范的要求通过检验或者安全评估，并办理使用登记证书变更，方可继续使用。允许继续使用的，应当采取加强检验、检测和维护保养等措施，确保使用安全。

7.2.4 特种设备召回制度

我国建立缺陷特种设备召回制度。因生产原因造成特种设备存在危及安全的同一性缺陷的，特种设备生产单位应当立即停止生产，主动召回。国务院特种设备安全监督管理部门发现特种设备存在应当召回而未召回的情形时，应当责令特种设备生产单位召回。

7.2.5 经营特种设备的法律规定

1. 特种设备销售单位

特种设备销售单位销售的特种设备，应当符合安全技术规范及相关标准的要求，其设计文件、产品质量合格证明、安装及使用维护保养说明、监督检验证明等相关技术资料和文件应当齐全。特种设备销售单位应当建立特种设备检查验收和销售记录制度。禁止销售未取得许可生产的特种设备，未经检验和检验不合格的特种设备，或者国家明令淘汰和已经报废的特种设备。

2. 特种设备出租单位

特种设备出租单位不得出租未取得许可生产的特种设备或者国家明令淘汰和已经报废的特种设备，以及未按照安全技术规范的要求进行维护保养和未经检验或者检验不合格的特种设备。特种设备在出租期间的使用管理和维护保养义务由特种设备出租单位承担，法律另有规定或者当事人另有约定的除外。

3. 进口特种设备的规定

进口的特种设备应当符合我国安全技术规范的要求，并经检验合格；需要取得我国特种设备生产许可的，应当取得许可。

进口特种设备随附的技术资料和文件应当符合《特种设备安全法》第二十一条的规定，“特种设备出厂时，应当随附安全技术规范要求的设计文件、产品质量合格证明、安装及使用维护保养说明、监督检验证明等相关技术资料和文件，并在特种设备显著位置设置产品铭牌、安全警示标志及其说明”。其安装及使用维护保养说明、产品铭牌、安全警示标志及其说明应当采用中文。

特种设备的进出口检验，应当遵守有关进出口商品检验的法律、行政法规。进口特种设备，应当向进口地特种设备安全监督管理部门履行提前告知义务。

7.2.6 使用特种设备的法律规定

1. 对特种设备使用单位的要求

特种设备使用单位应当使用取得许可生产并经检验合格的特种设备。禁止使用国家明令淘汰和已经报废的特种设备。

特种设备使用单位应当在特种设备投入使用前或者投入使用后30日内，向特种设备安全监督管理部门办理使用登记，取得使用登记证书。登记标志应当置于该特种设备的显著位置。

特种设备使用单位应当建立岗位责任、隐患治理、应急救援等安全管理制度，制定操作规程，保证特种设备安全运行。

特种设备使用单位应当建立特种设备安全技术档案。安全技术档案应当包括特种设备的设计文件、产品质量合格证明、安装及使用维护保养说明、监督检验证明等相关技术资料和文件；特种设备的定期检验和定期自行检查记录；特种设备的日常使用状况记录；特种设备及其附属仪器仪表的维护保养记录；特种设备的运行故障和事故记录等内容。

电梯的运营使用单位，应当对其使用安全负责，设置安全管理机构或者配备专职的安全管理人员；特种设备的使用应当具有规定的安全距离、安全防护措施。

特种设备属于共有的，共有人可以委托物业服务单位或者其他管理人管理特种设备，受托人履行本法规定的特种设备使用单位的义务，承担相应责任。共有人未委托的，由共有人或者实际管理人履行管理义务，承担相应责任。

特种设备使用单位应当对其使用的特种设备进行经常性维护保养和定期自行检查，并做出记录。应当对其使用的特种设备的安全附件、安全保护装置进行定期校验、检修，并做出记录。应当按照安全技术规范的要求，在检验合格有效期届满前一个月向特种设备检验机构提出定期检验要求。

特种设备出现故障或者发生异常情况，特种设备使用单位应当对其进行全面检查，消除事故隐患，方可继续使用。

电梯安全使用说明、安全注意事项和警示标志置于易于为乘客注意的显著位置。公众乘坐或者操作电梯应当遵守安全使用说明和安全注意事项的要求，服从有关工作人员的管理和指挥；遇有运行不正常时，应当按照安全指引，有序撤离。

2. 对特种设备检验机构的要求

特种设备检验机构接到定期检验要求后，应当按照安全技术规范的要求及时进行安全性能检验。特种设备使用单位应当将定期检验标志置于该特种设备的显著位置。未经定期检验或者检验不合格的特种设备，不得继续使用。

3. 对特种设备安全管理及作业人员的要求

特种设备安全管理人员应当对特种设备使用状况进行经常性检查，发现问题应当立即处理；情况紧急时，可以决定停止使用特种设备并及时报告本单位有关负责人。

特种设备作业人员在作业过程中发现事故隐患或者其他不安全因素，应当立即向特种设备安全管理人员和单位有关负责人报告；特种设备运行不正常时，特种设备作业人员应当按照操作规程采取有效措施保证安全。

4. 电梯的维护保养制度

电梯的维护保养应当由电梯制造单位或者依照本法取得许可的安装、改造、修理单位进行。电梯的维护保养单位应当在维护保养中严格执行安全技术规范的要求，保证其维护保养的电梯的安全性能，并负责落实现场安全防护措施，保证施工安全。

电梯的维护保养单位应当对其维护保养的电梯的安全性能负责；接到故障通知后，应当立即赶赴现场，并采取必要的应急救援措施。

电梯投入使用后，电梯制造单位应当对其制造的电梯的安全运行情况进行跟踪调查和了解，对电梯的维护保养单位或者使用单位在维护保养和安全运行方面存在的问题，提出改进建议，并提供必要的技术帮助；发现电梯存在严重事故隐患时，应当及时告知电梯使用单位，并向特种设备安全监督管理部门报告。电梯制造单位对调查和了解的情况，应当做出记录。

案例 7-1：

事故 1：私借钥匙引起的坠人事故。2004 年 11 月 18 日，下午 3 时 40 分左右，水贝工业区某楼货梯旁有两个收废料的工人要把废料从 8 楼运到 1 楼，来该公司帮忙办事的耕农就拿着电梯的钥匙来到货梯门口，平时，这个货梯都是关闭的，且都停在 8 楼，只有使用时才打开，从 8 楼直接到 1 楼。耕农打开电梯门后，习惯性地准备进去把电梯内的灯打开，意想不到的事发生了：电梯门内竟然是空的，左脚先迈去的耕农一下就栽了下去，从 8 楼直接坠落到 1 楼的电梯轿厢顶部。

事故 2：平层超差引起的坠人事故。2000 年，某机械厂金工车间主任准备从 3 楼到 1 楼去找车间检验员来检验一批零部件，按了几次召唤按钮，电梯显示装置的灯不亮，只听到井道内有电梯行动的响声，原来此刻电梯正在检修，故而电梯驾驶员（无操作证）没有将指层灯开关打开，后来多次听到 3 楼呼叫，就把电梯开往 3 楼。当电梯从上往下运行将到达 3 楼时，驾驶员停下电梯拉开层门 50cm 左右准备相告不能载客，想不到该主任见 3 楼层门徐徐打开就立即跨了进去，结果从轿厢底部坠落底坑，当场死亡。

事故 3：电梯超载事故。某机关大楼有一台手柄操作手开门电梯，载重量为 1t。某日会议结束，电梯驾驶员将 8 楼与会人员分批运送下楼。开始电梯驾驶员尚能严格控制人数，每次乘载 13 人，但到最后，发现还剩下 17 人，驾驶员认为没有必要分 2 次运送，故而多载 4 人。在向下运行时，驾驶员略感到电梯速度有所加快，他开始没有在意，也没有采取措施。待到感觉不妙时，电梯轿厢已快速向下沉底，与缓冲器相撞后，再反弹起来，轿厢受到剧烈的震动，轿顶的装饰脱落掉下，使轿厢内多名乘客受伤。

事故分析：

（1）事故 1 由于电梯操作工违章操作——擅自把电梯三角钥匙借于耕农，而耕农又因打开层门后未注意电梯是否在该层而坠入电梯井道。

（2）事故 2 由于电梯驾驶员违章操作——电梯未到平层位置，在轿厢门开着的情况下，弯腰用手拨动门锁打开了 3 楼厅门，导致该主任误以为轿厢到位而一脚踏空跌入井道致死。

（3）事故 3 由于电梯驾驶员违章操作——电梯超载，引发乘客受伤的事故。

事故思考：

（1）以上 3 起事故起因均来自电梯操作人员的违章操作，这给电梯管理者提了个醒：在电梯管理上，不但要有严谨的安全操作规程，还应要求操作人员熟练掌握，并在实际工作中严格遵守。

（2）电梯三角钥匙作为电梯操作人员的专业工具，是不允许外借他人的。在打开电梯层门时，一定要小开门（宽度小于 20cm），先确认电梯是否在该层站后，再进入电梯轿厢。

（3）严禁电梯操作人员不经培训无证上岗。

（4）操作人员应按电梯安全规程规定严格执行，绝不允许电梯超载，以防造成上述类似事故。

（5）当发觉电梯行驶速度有异常情况时，应及时采取相应的安全措施，如电梯处于检修状态或急停状态时，应提醒乘客采用一些相应的预防措施，尽可能将乘客的受害程度减到最小。

案例 7-2：

事故 1：维保人员违规被电梯夹住致死。2005 年 2 月上海市虹口区东汉阳路 471 号发生一起电梯夹死修理工的事故。事发点位于二楼电梯间，当时电梯停在一楼，该维修工开着电梯安全门趴在电梯顶部维修，不知为何电梯突然开动，向上升起，修理工就被顶了上去，整个人被电梯轿门与电梯间拦腰夹住。后来消防员赶来把电梯轿门撬了，才把尸体拿出来的。事后虹口区安全生产监察局、技术监督局都赶到了现场，调查之后初步认定该事故由修理工违规操作引起。

事故 2：开门走梯。2005 年 8 月 7 日下午，位于广州环市西路的荔珊天富鞋业写字楼内，一名电梯维护工人在作业时发生意外，身首异处惨死在电梯间内。

事故 3：电梯维修工被卡电梯不幸身亡。2005 年 9 月 3 日 13 时左右，位于上海东汉阳路、新建路路口的富安旅馆内的电梯瞬间忽然起动，一名正在电梯内进行电梯保养的电梯维修工来不及对电梯采取紧急制动措施，被卡在电梯内，不幸身亡。据了解，事发当日上午，有 2 名电梯维修工前来对电梯进行保养，但是其中一位离去后不久，另一名留下的电梯维修工继续进行电梯保养时即发生了事故。

事故 4：电梯维护工作业时惨遭电梯割头。2005 年 8 月 8 日，一电梯维护工在作业时惨遭割头的新闻，引起了市民的关注。广州市电梯集团配件有限公司的一位专家推测，该维修人员当时很可能站在轿厢顶部或轿厢里面，发生这样的惨剧有 3 种可能性：①轿厢意外通电；②电梯刹车松了；③在没有完全断电的情况下，乘客突然按动电梯开关，使得在井道中工作的维修人员发生意外。

事故分析：

（1）以上 4 起事故均是违规操作造成的，即电梯维修人员检修过程中将厅门回路短接，使电梯可开门运行。但他们疏忽了一点：门锁回路短接后，电梯可能随时起动，在这种情况下，从厅外探身到轿顶或是站在厅门和轿门之间，无异于探身到开着的铡刀下。

（2）短接状态下作业。因为将电梯厅轿门回路短接后，电梯各安全联锁开关均失效。电梯处在检修状态下，还能进行检查、维修，而当电梯恢复正常运行时，则很容易出现上面的开门走梯事故。

事故思考：

（1）安全规程是电梯从业人员的安全保障，而不是制约的枷锁。电梯管理者应强化岗位工人的安全意识，定期对电梯维修人员进行电梯安全教育和技术培训，切实提高员工的安全意识和操作技能，杜绝违章操作。

（2）电梯维修人员应当认真吸取以上事故教训，开展电梯安全大检查，加大检查力度，将安全回路的每个开关、每一接点进行清查，杜绝短接未拆除的危险现象。

（3）电梯的维修和管理单位，必须加强各方面管理，进一步完善电梯管理制度，对每台电梯都要指派专人管理，并配备专职维修人员，发现问题及时解决，把可能出现的故障隐患处理在萌芽期。

7.3 在检验、检测中的相关规定

7.3.1 检验检测机构的从业资格

从事监督检验、定期检验的特种设备检验机构，以及为特种设备生产、经营、使用提供检测服务的特种设备检测机构，应当具备下列条件，并经特种设备安全监督管理部门核准，方可从事检验、检测工作：

（1）有与检验、检测工作相适应的检验、检测人员；

（2）有与检验、检测工作相适应的检验、检测仪器和设备；

（3）有健全的检验、检测管理制度和责任制度。

7.3.2 检验检测机构人员要求

特种设备检验、检测机构的检验、检测人员应当经考核，取得检验、检测人员资格，方可从事检验、检测工作。其检验、检测机构的检验、检测人员不得同时在两个以上检验、检测机构中执业；变更执业机构的，应当依法办理变更手续。

特种设备检验、检测机构及其检验、检测人员应当依法为特种设备生产、经营、使用单位提供安全、可靠、便捷、诚信的检验、检测服务，应当客观、公正、及时地出具检验、检测报告，并对检验、检测结果和鉴定结论负责。在检验、检测中发现特种设备存在严重事故隐患时，应当及时告知相关单位，并立即向特种设备安全监督管理部门报告。

特种设备检验、检测机构及其检验、检测人员对检验、检测过程中知悉的商业秘密，负有保密义务。不得从事有关特种设备的生产、经营活动，不得推荐或者监制、监销特种设备。

7.3.3　特种设备安全监督管理机构、生产经营使用单位的要求

特种设备安全监督管理部门应当组织对特种设备检验、检测机构的检验、检测结果和鉴定结论进行监督抽查，但应当防止重复抽查。监督抽查结果应当向社会公布。特种设备检验机构及其检验人员利用检验工作故意刁难特种设备生产、经营、使用单位的，特种设备生产、经营、使用单位有权向特种设备安全监督管理部门投诉，接到投诉的部门应当及时进行调查处理。

特种设备生产、经营、使用单位应当按照安全技术规范的要求向特种设备检验、检测机构及其检验、检测人员提供特种设备相关资料和必要的检验、检测条件，并对资料的真实性负责。

7.4　在监督管理中的相关规定

7.4.1　监督管理部门对资格许可工作的规定

特种设备安全监督管理部门实施《特种设备安全法》规定的许可工作，应当依照该法和其他有关法律、行政法规规定的条件和程序以及安全技术规范的要求进行审查；不符合规定的，不得许可。许可时，其受理、审查、许可的程序必须公开，并应当自受理申请之日起 30 日内，做出许可或者不予许可的决定；不予许可的，应当书面向申请人说明理由。

特种设备安全监督管理部门对依法办理使用登记的特种设备应当建立完整的监督管理档案和信息查询系统；对达到报废条件的特种设备，应当及时督促特种设备使用单位依法履行报废义务。

7.4.2 监督管理部门的职权

特种设备安全监督管理部门在依法履行监督检查职责时，可以行使下列职权：

（1）进入现场进行检查，向特种设备生产、经营、使用单位和检验、检测机构的主要负责人和其他有关人员调查、了解有关情况；

（2）根据举报或者取得的涉嫌违法证据，查阅、复制特种设备生产、经营、使用单位和检验、检测机构的有关合同、发票、账簿以及其他有关资料；

（3）对有证据表明不符合安全技术规范要求或者存在严重事故隐患的特种设备实施查封、扣押；

（4）对流入市场的达到报废条件或者已经报废的特种设备实施查封、扣押；

（5）对违反《特种设备安全法》规定的行为作出行政处罚决定。

7.4.3 发现隐患的处理程序

特种设备安全监督管理部门在依法履行职责过程中，发现违反特种设备安全法规定和安全技术规范要求的行为或者特种设备存在事故隐患时，应当以书面形式发出特种设备安全监察指令，责令有关单位及时采取措施予以改正或者消除事故隐患。紧急情况下要求有关单位采取紧急处置措施的，应当随后补发特种设备安全监察指令。发现重大违法行为或者特种设备存在严重事故隐患时，应当责令有关单位立即停止违法行为、采取措施消除事故隐患，并及时向上级特种设备安全监督管理部门报告。接到报告的特种设备安全监督管理部门应当采取必要措施，及时予以处理。

对违法行为、严重事故隐患的处理需要当地人民政府和有关部门的支持、配合时，特种设备安全监督管理部门应当报告当地人民政府，并通知其他有关部门。当地人民政府和其他有关部门应当采取必要措施，及时予以处理。

7.4.4 对地方政府的要求

地方各级人民政府特种设备安全监督管理部门不得要求已经依照《特种设备安全法》规定在其他地方取得许可的特种设备生产单位重复取得许可，不得要求对已经依照《特种设备安全法》规定在其他地方检验合格的特种设备重复进行检验。

7.4.5 安全监察人员的相关规定

特种设备安全监督管理部门的安全监察人员应当熟悉相关法律、法规，具有相应的专业知识和工作经验，取得特种设备安全行政执法证件。特种设备安全监察人员应当忠于职守、坚持原则、秉公执法。

特种设备安全监督管理部门实施安全监督检查时，应当有两名以上特种设备安全监察人员参加，并出示有效的特种设备安全行政执法证件。

特种设备安全监督管理部门对特种设备生产、经营、使用单位和检验、检测机构实施监督检查，应当对每次监督检查的内容、发现的问题及处理情况做出记录，并由参加监督检查的特种设备安全监察人员和被检查单位的有关负责人签字后归档。被检查单位的有关负责人拒绝签字的，特种设备安全监察人员应当将情况记录在案。

特种设备安全监督管理部门及其工作人员不得推荐或者监制、监销特种设备；对履行职责过程中知悉的商业秘密负有保密义务。

7.4.6　国务院的职责

国务院特种设备安全监督管理部门和省、自治区、直辖市人民政府特种设备安全监督管理部门应当定期向社会公布特种设备安全总体状况。

7.5　事故应急救援与调查处理

7.5.1　事故管辖

国务院特种设备安全监督管理部门应当依法组织制定特种设备重特大事故应急预案，报国务院批准后纳入国家突发事件应急预案体系。

县级以上地方各级人民政府及其特种设备安全监督管理部门应当依法组织制定本行政区域内特种设备事故应急预案，建立或者纳入相应的应急处置与救援体系。

特种设备使用单位应当制定特种设备事故应急专项预案，并定期进行应急演练。

7.5.2　事故处理的原则与程序

首先，特种设备发生事故后，事故发生单位应当按照应急预案采取措施，组织抢救，防止事故扩大，减少人员伤亡和财产损失，保护事故现场和有关证据，并及时向事故发生地县级以上人民政府特种设备安全监督管理部门和有关部门报告。

其次，县级以上人民政府特种设备安全监督管理部门接到事故报告，应当尽快核实情况，立即向本级人民政府报告，并按照规定逐级上报。必要时，特种设备安全监督管理部门可以越级上报事故情况。对特别重大事故、重大事故，国务院特种设备安全监督管理部门应当立即报告国务院并通报国务院安全生产监督管理部门等有关部门。

再次，与事故相关的单位和人员不得迟报、谎报或者瞒报事故情况，不得隐匿、毁灭有关证据或者故意破坏事故现场。事故发生地人民政府接到事故报告，应当依法启动应急预案，采取应急处置措施，组织应急救援。

7.5.3 事故调查主体及其程序

特种设备发生特别重大事故，由国务院或者国务院授权有关部门组织事故调查组进行调查。发生重大事故，由国务院特种设备安全监督管理部门会同有关部门组织事故调查组进行调查。发生较大事故，由省、自治区、直辖市人民政府特种设备安全监督管理部门会同有关部门组织事故调查组进行调查。发生一般事故，由设区的市级人民政府特种设备安全监督管理部门会同有关部门组织事故调查组进行调查。

事故调查组应当依法、独立、公正开展调查，提出事故调查报告。组织事故调查的部门应当将事故调查报告报本级人民政府，并报上一级人民政府特种设备安全监督管理部门备案。有关部门和单位应当依照法律、行政法规的规定，追究事故责任单位和人员的责任。

事故责任单位应当依法落实整改措施，预防同类事故发生。事故造成损害的，事故责任单位应当依法承担赔偿责任。

7.6 相关法律责任

7.6.1 违法生产、制造、经营的法律责任

未经许可从事特种设备生产活动的，责令停止生产，没收违法制造的特种设备，处10万元以上50万元以下罚款；有违法所得的，没收违法所得；已经实施安装、改造、修理的，责令恢复原状或者责令限期由取得许可的单位重新安装、改造、修理。

特种设备的设计文件未经鉴定，擅自用于制造的，责令改正，没收违法制造的特种设备，处5万元以上50万元以下罚款。未进行型式试验的，责令限期改正；逾期未改正的，处3万元以上30万元以下罚款。

特种设备出厂时，未按照安全技术规范的要求随附相关技术资料和文件的，责令限期改正；逾期未改正的，责令停止制造、销售，处2万元以上20万元以下罚款；有违法所得的，没收违法所得。

特种设备安装、改造、修理的施工单位在施工前未书面告知负责特种设备安全监督管理的部门即行施工的，或者在验收后30日内未将相关技术资料和文件移交特种设备使用单位的，责令限期改正；逾期未改正的，处1万元以上10万元以下罚款。

特种设备的制造、安装、改造、重大修理以及锅炉清洗过程，未经监督检验的，责令限期改正；逾期未改正的，处5万元以上20万元以下罚款；有违法所得的，没收违法所得；情节严重的，吊销生产许可证。

电梯制造单位未按照安全技术规范的要求对电梯进行校验、调试或对电梯的安全运行情况进行跟踪调查和了解时，发现存在严重事故隐患，未及时告知电梯使用单位并向

负责特种设备安全监督管理的部门报告的，应责令其限期改正；逾期未改正的，处 1 万元以上 10 万元以下罚款。

特种设备生产单位不再具备生产条件、生产许可证已经过期或者超出许可范围生产的或明知特种设备存在同一性缺陷，未立即停止生产并召回的应责令其限期改正；逾期未改正的，责令停止生产，处 5 万元以上 50 万元以下罚款；情节严重的，吊销生产许可证。

特种设备生产单位生产、销售、交付国家明令淘汰的特种设备的，责令停止生产、销售，没收违法生产、销售、交付的特种设备，处 3 万元以上 30 万元以下罚款；有违法所得的，没收违法所得。

特种设备生产单位涂改、倒卖、出租、出借生产许可证的，责令停止生产，处 5 万元以上 50 万元以下罚款；情节严重的，吊销生产许可证。

特种设备经营单位如有销售、出租未取得许可生产，未经检验或者检验不合格的特种设备的；或是销售、出租国家明令淘汰、已经报废的特种设备，或者未按照安全技术规范的要求进行维护保养的特种设备的，应对其进行责令停止经营，没收违法经营的特种设备，处 3 万元以上 30 万元以下罚款；有违法所得的，没收违法所得。

特种设备销售单位未建立检查验收和销售记录制度，或者进口特种设备未履行提前告知义务的，责令改正，处 1 万元以上 10 万元以下罚款。

特种设备生产单位销售、交付未经检验或者检验不合格的特种设备的，情节严重的，吊销生产许可证。

特种设备使用单位如有使用特种设备未按照规定办理使用登记的；未建立特种设备安全技术档案或者安全技术档案不符合规定要求，或者未依法设置使用登记标志、定期检验标志的；未对其使用的特种设备进行经常性维护保养和定期自行检查，或者未对其使用的特种设备的安全附件、安全保护装置进行定期校验、检修，并做出记录的；未按照安全技术规范的要求及时申报并接受检验的；未按照安全技术规范的要求进行锅炉水（介）质处理的；未制定特种设备事故应急专项预案的各类行为，应对其责令限期改正；逾期未改正的，责令停止使用有关特种设备，处 1 万元以上 10 万元以下罚款。

7.6.2　特种设备使用单位违法行为的法律责任

特种设备使用单位如有使用未取得许可生产，未经检验或者检验不合格的特种设备，或者国家明令淘汰、已经报废的特种设备的；特种设备出现故障或者发生异常情况，未对其进行全面检查、消除事故隐患，继续使用的；特种设备存在严重事故隐患，无改造、修理价值，或者达到安全技术规范规定的其他报废条件，未依法履行报废义务，并办理使用登记证书注销手续的，责令停止使用有关特种设备，处 3 万元以上 30 万元以下罚款。

特种设备生产、经营、使用单位未配备具有相应资格的特种设备安全管理人员、检测人员和作业人员的；使用未取得相应资格的人员从事特种设备安全管理、检测和作业的；未对特种设备安全管理人员、检测人员和作业人员进行安全教育和技能培训的，责令限期改正；逾期未改正的，责令停止使用有关特种设备或者停产停业整顿，处1万元以上5万元以下罚款。

电梯的运营使用单位未设置特种设备安全管理机构或者配备专职的特种设备安全管理人员的；客运索道、大型游乐设施每日投入使用前，未进行试运行和例行安全检查，未对安全附件和安全保护装置进行检查确认的；未将电梯、客运索道、大型游乐设施的安全使用说明、安全注意事项和警示标志置于易于为乘客注意的显著位置的，责令限期改正；逾期未改正的，责令停止使用有关特种设备或者停产停业整顿，处2万元以上10万元以下罚款。

未经许可，擅自从事电梯维护保养的，责令停止违法行为，处1万元以上10万元以下罚款；有违法所得的，没收违法所得。电梯的维护保养单位未按照《特种设备安全法》规定以及安全技术规范的要求，进行电梯维护保养的，处1万元以上10万元以下罚款；有违法所得的，没收违法所得。

7.6.3 特种设备事故的法律责任

发生特种设备事故时，如不立即组织抢救或者在事故调查处理期间擅离职守或者逃匿或对特种设备事故迟报、谎报或者瞒报的，应对单位处5万元以上20万元以下罚款；对主要负责人处1万元以上5万元以下罚款；主要负责人属于国家工作人员的，并依法给予处分。

发生事故，对负有责任的单位除要求其依法承担相应的赔偿等责任外，发生一般事故，处10万元以上20万元以下罚款；发生较大事故，处20万元以上50万元以下罚款；发生重大事故，处50万元以上200万元以下罚款。

对事故发生负有责任的单位的主要负责人未依法履行职责或者负有领导责任的，发生一般事故，处上一年年收入30%的罚款；发生较大事故，处上一年年收入40%的罚款；发生重大事故，处上一年年收入60%的罚款。属于国家工作人员的，并依法给予处分。

特种设备安全管理人员、检测人员和作业人员不履行岗位职责，违反操作规程和有关安全规章制度，造成事故的，吊销相关人员的资格。

特种设备检验、检测机构及其检验、检测人员如未经核准或者超出核准范围、使用未取得相应资格的人员从事检验、检测的；未按照安全技术规范的要求进行检验、检测的；出具虚假的检验、检测结果和鉴定结论或者检验、检测结果和鉴定结论严重失实的；发现特种设备存在严重事故隐患，未及时告知相关单位，并立即向特种设备安全监督管理部门报告的；泄露检验、检测过程中知悉的商业秘密的；从事有关特种设备的生产、经营活动的；推荐或者监制、监销特种设备的；利用检验工作故意刁难相关单位的，对其责令改正，对机构处5万元以上20万元以下罚款，对直接负责的主管人员和其他直接责任人员处5000元以上5万元以下罚款；情节严重的，吊销机构资质和有关人员的资格。

特种设备检验、检测机构的检验、检测人员同时在两个以上检验、检测机构中执业的，处 5000 元以上 5 万元以下罚款；情节严重的，吊销其资格。

违反《特种设备安全法》规定，特种设备安全监督管理部门及其工作人员如未依照法律、行政法规规定的条件、程序实施许可的；发现未经许可擅自从事特种设备的生产、使用或者检验、检测活动不予取缔或者不依法予以处理的；发现特种设备生产单位不再具备本法规定的条件而不吊销其许可证，或者发现特种设备生产、经营、使用违法行为不予查处的；发现特种设备检验、检测机构不再具备《特种设备安全法》规定的条件而不撤销其核准，或者对其出具虚假的检验、检测结果和鉴定结论或者检验、检测结果和鉴定结论严重失实的行为不予查处的；发现违反《特种设备安全法》规定和安全技术规范要求的行为或者特种设备存在事故隐患，不立即处理的；发现重大违法行为或者特种设备存在严重事故隐患，未及时向上级特种设备安全监督管理部门报告，或者接到报告的特种设备安全监督管理部门不立即处理的；要求已经依照《特种设备安全法》规定在其他地方取得许可的特种设备生产单位重复取得许可，或者要求对已经依照《特种设备安全法》规定在其他地方检验合格的特种设备重复进行检验的；推荐或者监制、监销特种设备的；泄露履行职责过程中知悉的商业秘密的；接到特种设备事故报告未立即向本级人民政府报告，并按照规定上报的；迟报、漏报、谎报或者瞒报事故的；妨碍事故救援或者事故调查处理的；其他滥用职权、玩忽职守、徇私舞弊的行为，应由上级机关责令改正；对直接负责的主管人员和其他直接责任人员，依法给予处分。

7.6.4　不依法接受检验检测的法律责任

特种设备生产、经营、使用单位或者检验、检测机构拒不接受特种设备安全监督管理部门依法实施的监督检查的，责令限期改正；逾期未改正的，责令停产停业整顿，处 2 万元以上 20 万元以下罚款。

特种设备生产、经营、使用单位擅自动用、调换、转移、损毁被查封、扣押的特种设备或者其主要部件的，责令改正，处 5 万元以上 20 万元以下罚款；情节严重的，吊销生产许可证，注销特种设备使用登记证书。

7.6.5　其他法律责任

被依法吊销许可证的，自吊销许可证之日起 3 年内，特种设备安全监督管理部门不予受理其新的许可申请。

造成人身、财产损害的，依法承担民事责任。应当承担民事赔偿责任和缴纳罚款、罚金，其财产不足以同时支付时，先承担民事赔偿责任。构成违反治安管理行为的，依法给予治安管理处罚；构成犯罪的，依法追究刑事责任。

第 8 章　特种设备安全监察条例

8.1　特种设备安全监察条例概述

8.1.1　特种设备安全监察条例制定的目的

为了加强特种设备的安全监察，防止和减少事故，保障人民群众生命和财产安全，促进经济发展，我国于 2003 年 6 月 1 日起施行《特种设备安全监察条例》（以下简称《条例》）。但在适用范围上排除了军事装备、核设施、航空航天器、铁路机车、海上设施和船舶以及矿山井下使用的特种设备、民用机场专用设备的安全监察活动。特别注明的是房屋建筑工地和市政工程工地用起重机械、场（厂）内专用机动车辆的安装、使用的监督管理，是由建设行政主管部门依照有关法律、法规的规定执行。

8.1.2　涉及特种设备生产、使用、监察部门的基本要求

全国特种设备的安全监察工作是由国务院特种设备安全监督管理部门负责，县级以上地方人民政府特种设备安全监督管理部门负责对本行政区域内特种设备实施安全监察。

特种设备生产、使用单位负责建立健全特种设备安全、节能管理制度和岗位安全、节能责任制度。其单位的主要负责人应对本单位特种设备的安全和节能全面负责。

特种设备检验检测机构，应当按照《条例》中的规定，进行检验检测工作，对其检验检测结果、鉴定结论承担法律责任。

特种设备生产、使用单位和特种设备检验检测机构，应当保证必要的安全和节能投入。

特种设备安全监督管理部门应依法对特种设备生产、使用单位和特种设备检验检测机构进行特种设备安全监察。

县级以上地方人民政府应当督促、支持特种设备安全监督管理部门依法履行安全监察职责，对特种设备安全监察中存在的重大问题及时予以协调、解决。

国家鼓励特种设备节能技术的研究、开发、示范和推广，促进特种设备节能技术创新和应用。同时还鼓励实行特种设备责任保险制度，提高事故赔付能力。

社会上的任何单位和个人对违反《条例》规定的行为，都有权向特种设备安全监督管理部门和行政监察等有关部门举报。特种设备安全监督管理部门应当建立特种设备安全监察举报制度，公布举报电话、信箱或者电子邮件地址，受理对特种设备生产、使用

和检验检测违法行为的举报，并及时予以处理。特种设备安全监督管理部门和行政监察等有关部门应当为举报人保密，并按照国家有关规定给予奖励。

8.2 对特种设备生产的规定

特种设备生产单位，应当依照《条例》规定以及国务院特种设备安全监督管理部门制订并公布的安全技术规范的要求，进行生产活动。特种设备生产单位对其生产的特种设备的安全性能负责。

8.2.1 特种设备生产单位应具备的条件

锅炉、压力容器、电梯、起重机械、客运索道、大型游乐设施及其安全附件、安全保护装置的制造、安装、改造单位，以及压力管道用管子、管件、阀门、法兰、补偿器、安全保护装置等的制造单位，应当经国务院特种设备安全监督管理部门许可，方可从事相应的活动。

锅炉、压力容器、电梯、起重机械、客运索道、大型游乐设施及其安全附件、安全保护装置的制造、安装、改造单位应当具备下列条件：

（1）有与特种设备制造、安装、改造相适应的专业技术人员和技术工人；

（2）有与特种设备制造、安装、改造相适应的生产条件和检测手段；

（3）有健全的质量管理制度和责任制度。

特种设备出厂时，应当附有安全技术规范要求的设计文件、产品质量合格证明、安装及使用维修说明、监督检验证明等文件。其维修单位，应当有与特种设备维修相适应的专业技术人员和技术工人以及必要的检测手段，并经省、自治区、直辖市特种设备安全监督管理部门许可，方可从事相应的维修活动。

8.2.2 对电梯安装、改造、维修的规定

电梯的安装、改造、维修，必须由电梯制造单位或者其通过合同委托、同意的依照《条例》取得许可的单位进行。电梯制造单位对电梯质量以及安全运行涉及的质量问题负责。对其安装、改造、维修的施工单位应当在施工前将拟进行的特种设备安装、改造、维修情况书面告知直辖市或者设区的市的特种设备安全监督管理部门，告知后即可施工。

电梯井道的土建工程必须符合建筑工程质量要求。电梯安装施工过程中，电梯安装单位应当遵守施工现场的安全生产要求，落实现场安全防护措施。电梯安装施工过程中，施工现场的安全生产监督，由有关部门依照有关法律、行政法规的规定执行。在安装施工过程中，电梯安装单位应当服从建筑施工总承包单位对施工现场的安全生产管理，并订立合同，明确各自的安全责任。

电梯的制造、安装、改造和维修活动，必须严格遵守安全技术规范的要求。电梯制造单位委托或者同意其他单位进行电梯安装、改造、维修活动的，应当对其安装、改造、维修活动进行安全指导和监控。电梯的安装、改造、维修活动结束后，电梯制造单位应当按照安全技术规范的要求对电梯进行校验和调试，并对校验和调试的结果负责。

电梯的安装、改造、维修竣工后，安装、改造、维修的施工单位应当在验收后 30 日内将有关技术资料移交使用单位。使用单位应当将其存入该特种设备的安全技术档案。在安装、改造、重大维修等过程中，必须经国务院特种设备安全监督管理部门核准的检验检测机构按照安全技术规范的要求进行监督检验；未经监督检验合格的不得出厂或者交付使用。

8.3　对特种设备使用的规定

8.3.1　特种设备使用单位日常使用、维护要求

特种设备使用单位应当使用符合安全技术规范要求的特种设备。特种设备投入使用前或者投入使用后 30 日内，特种设备使用单位应当向直辖市或者设区的市的特种设备安全监督管理部门登记。登记标志应当置于或者附着于该特种设备的显著位置。

特种设备使用单位应当建立特种设备安全技术档案。档案应当包括的内容有特种设备的设计文件、制造单位、产品质量合格证明、使用维护说明等文件以及安装技术文件和资料；特种设备的定期检验和定期自行检查的记录；特种设备的日常使用状况记录；特种设备及其安全附件、安全保护装置、测量调控装置及有关附属仪器仪表的日常维护保养记录；特种设备运行故障和事故记录。

设备的使用单位应当对在用特种设备进行经常性日常维护保养，并定期自行检查。应当至少每月进行一次自行检查，并做出记录。特种设备使用单位在进行自行检查和日常维护保养时发现异常情况的，应当及时处理。

8.3.2　特种设备使用单位校验、检修要求

使用单位应当对在用特种设备的安全附件、安全保护装置、测量调控装置及有关附属仪器仪表进行定期校验、检修，并做出记录。

使用单位应当按照安全技术规范的定期检验要求，在安全检验合格有效期届满前 1 个月向特种设备检验检测机构提出定期检验要求。

检验检测机构接到定期检验要求后，应当按照安全技术规范的要求及时进行检验。未经定期检验或者检验不合格的特种设备，不得继续使用。

特种设备出现故障或者发生异常情况，使用单位应当对其进行全面检查，消除事故隐患后，方可重新投入使用。特种设备存在严重事故隐患，无改造、维修价值，或者超

过安全技术规范规定使用年限，特种设备使用单位应当及时予以报废，并应当向原登记的特种设备安全监督管理部门办理注销。

特种设备使用单位应当制定特种设备的事故应急措施和救援预案。

电梯的日常维护保养必须由依照《条例》取得许可的安装、改造、维修单位或者电梯制造单位进行。电梯应当至少每 15 日进行一次清洁、润滑、调整和检查。

电梯的日常维护保养单位应当在维护保养中严格执行国家安全技术规范的要求，保证其维护保养的电梯的安全技术性能，并负责落实现场安全防护措施，保证施工安全。电梯的日常维护保养单位，应当对其维护保养的电梯的安全性能负责。接到故障通知后，应当立即赶赴现场，并采取必要的应急救援措施。

电梯设备运营使用单位，应当设置特种设备安全管理机构或者配备专职的安全管理人员；其他特种设备使用单位，应当根据情况设置特种设备安全管理机构或者配备专职、兼职的安全管理人员。安全管理人员应当对特种设备使用状况进行经常性检查，发现问题的应当立即处理；情况紧急时，可以决定停止使用特种设备并及时报告本单位有关负责人。电梯的运营使用单位应当将电梯、客运索道、大型游乐设施的安全注意事项和警示标志置于易于为乘客注意的显著位置。电梯的乘客应当遵守使用安全注意事项的要求，服从有关工作人员的指挥。

在电梯投入使用后，电梯制造单位应当对其制造的电梯的安全运行情况进行跟踪调查和了解，对电梯的日常维护保养单位或者电梯的使用单位在安全运行方面存在的问题，提出改进建议，并提供必要的技术帮助。发现电梯存在严重事故隐患的，应当及时向特种设备安全监督管理部门报告。电梯制造单位对调查和了解的情况，应当做出记录。

电梯的作业人员及其相关管理人员，应当按照国家有关规定经特种设备安全监督管理部门考核合格，取得国家统一格式的特种作业人员证书，方可从事相应的作业或者管理工作。

使用单位应当对特种设备作业人员进行特种设备安全教育和培训，保证特种设备作业人员具备必要的特种设备安全作业知识。作业人员在作业中应当严格执行特种设备的操作规程和有关的安全规章制度。在作业过程中发现事故隐患或者其他不安全因素，应当立即向现场安全管理人员和单位有关负责人报告。

8.4　对特种设备检验检测的规定

从事《条例》规定的监督检验、定期检验、型式试验检验检测工作的特种设备检验检测机构，应当经国务院特种设备安全监督管理部门核准。使用单位设立的特种设备检验检测机构，经国务院特种设备安全监督管理部门核准，负责本单位一定范围内的特种设备定期检验、型式试验工作。

8.4.1 特种设备检验检测机构的相关要求

特种设备检验检测机构，应当具备的条件有：有与所从事的检验检测工作相适应的检验检测人员；有与所从事的检验检测工作相适应的检验检测仪器和设备；有健全的检验检测管理制度、检验检测责任制度。

特种设备的监督检验、定期检验和型式试验应当由依照《条例》经核准的特种设备检验检测机构进行。检验检测工作应当符合安全技术规范的要求。

8.4.2 特种设备检验检测机构检验检测人员的相关要求

从事监督检验、定期检验和型式试验的特种设备检验检测人员应当经国务院特种设备安全监督管理部门组织考核合格，取得检验检测人员证书，方可从事检验检测工作。检验检测人员从事检验检测工作，必须在特种设备检验检测机构执业，但不得同时在两个以上检验检测机构中执业。在进行特种设备检验检测，应当遵循诚信原则和方便企业的原则，为特种设备生产、使用单位提供可靠、便捷的检验检测服务。检验检测机构和检验检测人员对涉及的被检验检测单位的商业秘密，负有保密义务。检验检测机构和检验检测人员应当客观、公正、及时地出具检验检测结果、鉴定结论。检验检测结果、鉴定结论经检验检测人员签字后，由检验检测机构负责人签署。检验检测机构和检验检测人员对检验检测结果、鉴定结论负责。国务院特种设备安全监督管理部门应当组织对特种设备检验检测机构的检验检测结果、鉴定结论进行监督抽查。县级以上地方特种设备安全监督管理部门在本行政区域内也可以组织监督抽查，但是要防止重复抽查。监督抽查结果应当向社会公布。

特种设备检验检测机构和检验检测人员不得从事特种设备的生产、销售，不得以其名义推荐或者监制、监销特种设备。特种设备检验检测机构进行特种设备检验检测，发现严重事故隐患，应当及时告知特种设备使用单位，并立即向特种设备安全监督管理部门报告。检验检测机构和检验检测人员利用检验检测工作故意刁难特种设备生产、使用单位，特种设备生产、使用单位有权向特种设备安全监督管理部门投诉，接到投诉的特种设备安全监督管理部门应当及时进行调查处理。

8.5 对监督检查的规定

特种设备安全监督管理部门依照《条例》规定，对特种设备生产、使用单位和检验检测机构实施安全监察。对学校、幼儿园以及车站、客运码头、商场、体育场馆、展览馆、公园等公众聚集场所的特种设备，特种设备安全监督管理部门应当实施重点安全监察。

8.5.1　特种设备安全监督管理部门相关职权

特种设备安全监督管理部门根据举报或者取得的涉嫌违法证据，对涉嫌违反《条例》规定的行为进行查处时，可以行使下列职权：

（1）向特种设备生产、使用单位和检验检测机构的法定代表人、主要负责人和其他有关人员调查、了解与涉嫌从事违反《条例》的生产、使用、检验检测有关的情况；

（2）查阅、复制特种设备生产、使用单位和检验检测机构的有关合同、发票、账簿以及其他有关资料；

（3）对有证据表明不符合安全技术规范要求的或者有其他严重事故隐患的特种设备或者其主要部件，予以查封或者扣押。

依照《条例》的规定，实施许可、核准、登记的特种设备安全监督管理部门，应当严格依照《条例》规定条件和安全技术规范要求对有关事项进行审查；不符合《条例》规定条件和安全技术规范要求的，不得许可、核准、登记。未依法取得许可、核准、登记的单位擅自从事特种设备的生产、使用或者检验检测活动的，特种设备安全监督管理部门应当予以取缔或者依法予以处理。已经取得许可、核准、登记的特种设备的生产、使用单位和检验检测机构，特种设备安全监督管理部门发现其不再符合《条例》规定条件和安全技术规范要求的，应当依法撤销原许可、核准、登记。

特种设备安全监督管理部门在办理有关行政审批事项时，其受理、审查、许可、核准的程序必须公开，并应当自受理申请之日起 30 日内，做出许可、核准或者不予许可、核准的决定；不予许可、核准的，应当书面向申请人说明理由。地方各级特种设备安全监督管理部门不得以任何形式进行地方保护和地区封锁，不得对已经依照《条例》规定在其他地方取得许可的特种设备生产单位重复进行许可，也不得要求对依照《条例》规定在其他地方检验检测合格的特种设备，重复进行检验检测。

8.5.2　特种设备安全监督管理部门及人员的监察要求

特种设备安全监督管理部门的安全监察人员应当熟悉相关法律、法规、规章和安全技术规范，具有相应的专业知识和工作经验，并经国务院特种设备安全监督管理部门考核，取得特种设备安全监察人员证书。特种设备安全监察人员应当忠于职守、坚持原则、秉公执法。

特种设备安全监督管理部门对特种设备生产、使用单位和检验检测机构实施安全监察时，应当有两名以上特种设备安全监察人员参加，并出示有效的特种设备安全监察人员证件。特种设备安全监督管理部门对特种设备生产、使用单位和检验检测机构实施安全监察，应当对每次安全监察的内容、发现的问题及处理情况，做出记录，并由参加安全监察的特种设备安全监察人员和被检查单位的有关负责人签字后归档。被检查单位的有关负责人拒绝签字的，特种设备安全监察人员应当将情况记录在案。

特种设备安全监督管理部门对特种设备生产、使用单位和检验检测机构进行安全监察时，发现有违反《条例》和安全技术规范的行为或者在用的特种设备存在事故隐患的，应当以书面形式发出特种设备安全监察指令，责令有关单位及时采取措施，予以改正或者消除事故隐患。紧急情况下需要采取紧急处置措施的，应当随后补发书面通知。特种设备安全监督管理部门对特种设备生产、使用单位和检验检测机构进行安全监察，发现重大违法行为或者严重事故隐患时，应当在采取必要措施的同时，及时向上级特种设备安全监督管理部门报告。接到报告的特种设备安全监督管理部门应当采取必要措施，及时予以处理。对违法行为或者严重事故隐患的处理需要当地人民政府和有关部门的支持、配合时，特种设备安全监督管理部门应当报告当地人民政府，并通知其他有关部门。当地人民政府和其他有关部门应当采取必要措施，及时予以处理。

国务院特种设备安全监督管理部门和省、自治区、直辖市特种设备安全监督管理部门应当定期向社会公布特种设备安全状况。公布特种设备安全状况，应当包括的内容为在用的特种设备数量；特种设备事故的情况、特点、原因分析、防范对策；其他需要公布的情况。

特种设备发生事故，事故发生单位应当迅速采取有效措施，组织抢救，防止事故扩大，减少人员伤亡和财产损失，并按照国家有关规定，及时、如实地向负有安全生产监督管理职责的部门和特种设备安全监督管理部门等有关部门报告。不得隐瞒不报、谎报或者拖延不报。特种设备发生事故的，按照国家有关规定进行事故调查，追究责任。

8.6 对事故预防和调查处理的规定

8.6.1 事故认定标准

（1）按照《条例》的规定凡达到特种设备事故造成 30 人以上死亡，或者 100 人以上重伤（包括急性工业中毒，下同），或者 1 亿元以上直接经济损失的；600MW 以上锅炉爆炸的；压力容器、压力管道有毒介质泄漏，造成 15 万人以上转移；客运索道、大型游乐设施高空滞留 100 人以上并且时间在 48h 以上等情形之一的，认定为特别重大事故。

（2）特种设备事故达到造成 10 人以上 30 人以下死亡，或者 50 人以上 100 人以下重伤，或者 5000 万元以上 1 亿元以下直接经济损失的；600MW 以上锅炉因安全故障中断运行 240h 以上的；压力容器、压力管道有毒介质泄漏，造成 5 万人以上 15 万人以下转移的；客运索道、大型游乐设施高空滞留 100 人以上并且时间在 24h 以上 48h 以下的。属于此情形之一的，被认定为重大事故。

（3）特种设备事故造成 3 人以上 10 人以下死亡，或者 10 人以上 50 人以下重伤，或者 1000 万元以上 5000 万元以下直接经济损失的；锅炉、压力容器、压力管道爆炸的；压力容器、压力管道有毒介质泄漏，造成 1 万人以上 5 万人以下转移的；起重机械整体倾覆的；客运索道、大型游乐设施高空滞留人员 12h 以上的。凡达到以上情形之一的，认定为较大事故。

（4）特种设备事故造成 3 人以下死亡，或者 10 人以下重伤，或者 1 万元以上 1000 万元以下直接经济损失的；压力容器、压力管道有毒介质泄漏，造成 500 人以上 1 万人以下转移的；电梯轿厢滞留人员 2h 以上的；起重机械主要受力结构件折断或者起升机构坠落的；客运索道高空滞留人员 3.5h 以上 12h 以下的；大型游乐设施高空滞留人员 1h 以上 12h 以下的。达到上述情形之一应被认定为一般事故。

当然除以上规定外，国务院特种设备安全监督管理部门可以对一般事故的其他情形做出补充规定。

8.6.2 事故应急预案

特种设备安全监督管理部门应当制定特种设备应急预案。特种设备使用单位应当制定事故应急专项预案，并定期进行事故应急演练。压力容器、压力管道发生爆炸或者泄漏，在抢险救援时应当区分介质特性，严格按照相关预案规定程序处理，防止二次爆炸。

特种设备事故发生后，事故发生单位应当立即启动事故应急预案，组织抢救，防止事故扩大，减少人员伤亡和财产损失，并及时向事故发生地县级以上特种设备安全监督管理部门和有关部门报告。县级以上特种设备安全监督管理部门接到事故报告，应当尽快核实有关情况，立即向所在地人民政府报告，并逐级上报事故情况。必要时，特种设备安全监督管理部门可以越级上报事故情况。对特别重大事故、重大事故，国务院特种设备安全监督管理部门应当立即报告国务院并通报国务院安全生产监督管理部门等有关部门。

8.6.3 事故调查

特别重大事故由国务院或者国务院授权有关部门组织事故调查组进行调查。

重大事故由国务院特种设备安全监督管理部门会同有关部门组织事故调查组进行调查。较大事故由省、自治区、直辖市特种设备安全监督管理部门会同有关部门组织事故调查组进行调查。一般事故由设区的市的特种设备安全监督管理部门会同有关部门组织事故调查组进行调查。

事故调查报告应当由负责组织事故调查的特种设备安全监督管理部门的所在地人民政府批复，并报上一级特种设备安全监督管理部门备案。有关机关应当按照批复，依照法律、行政法规规定的权限和程序，对事故责任单位和有关人员进行行政处罚，对负有事故责任的国家工作人员进行处分。

特种设备安全监督管理部门应当在有关地方人民政府的领导下，组织开展特种设备事故调查处理工作。

有关地方人民政府应当支持、配合上级人民政府或者特种设备安全监督管理部门的事故调查处理工作，并提供必要的便利条件。

特种设备安全监督管理部门应当对发生事故的原因进行分析，并根据特种设备的管理和技术特点、事故情况对相关安全技术规范进行评估；需要制定或者修订相关安全技术规范的，应当及时制定或者修订。

8.6.4 法律责任

按照安全技术规范的要求应当进行型式试验的特种设备产品、部件或者试制特种设备新产品、新部件，未进行整机或者部件型式试验的，由特种设备安全监督管理部门责令限期改正；逾期未改正的，处 2 万元以上 10 万元以下罚款。

未经许可，擅自从事电梯设施及其安全附件、安全保护装置的制造、安装、改造以及压力管道元件的制造活动的，由特种设备安全监督管理部门予以取缔，没收非法制造的产品，已经实施安装、改造的，责令恢复原状或者责令限期由取得许可的单位重新安装、改造，处 5 万元以上 20 万元以下罚款；触犯刑律的，对负有责任的主管人员和其他直接责任人员依照《中华人民共和国刑法》（以下简称《刑法》）关于生产、销售伪劣产品罪、非法经营罪、重大责任事故罪或者其他罪的规定，依法追究刑事责任。

特种设备出厂时，未按照安全技术规范的要求附有设计文件、产品质量合格证明、安装及使用维修说明、监督检验证明等文件的，由特种设备安全监督管理部门责令改正；情节严重的，责令停止生产、销售，处违法生产、销售货值金额 30%以下罚款；有违法所得的，没收违法所得。

未经许可，擅自从事电梯的维修或者日常维护保养的，由特种设备安全监督管理部门予以取缔，处 1 万元以上 5 万元以下罚款；有违法所得的，没收违法所得；触犯刑律的，对负有责任的主管人员和其他直接责任人员依照《刑法》关于非法经营罪、重大责任事故罪或者其他罪的规定，依法追究刑事责任。

电梯的安装、改造、维修的施工单位，在施工前未将拟进行的特种设备安装、改造、维修情况书面告知直辖市或者设区的市的特种设备安全监督管理部门即行施工的，或者在验收后 30 日内未将有关技术资料移交锅炉、压力容器、电梯、起重机械、客运索道、大型游乐设施的使用单位的，由特种设备安全监督管理部门责令限期改正；逾期未改正的，处 2000 元以上 1 万元以下罚款。电梯的安装、改造、重大维修过程，未经国务院特种设备安全监督管理部门核准的检验检测机构按照安全技术规范的要求进行监督检验，出厂或者交付使用的，由特种设备安全监督管理部门责令改正，没收违法生产、销售的产品，已经实施安装、改造或者重大维修的，责令限期进行监督检验，处 5 万元以上 20 万元以下的罚款；有违法所得的，没收违法所得；情节严重的，撤销制造、安装、改造或者维修单位已经取得的许可，并由工商行政管理部门吊销其营业执照；触犯刑律的，对负有责任的主管人员和其他直接责任人员依照《刑法》关于生产、销售伪劣产品罪或者其他罪的规定，依法追究刑事责任。

电梯制造单位未依照《条例》第十九条的规定对电梯进行校验、调试的，或对电梯的安全运行情况进行跟踪调查和了解时，发现存在严重事故隐患，未及时向特种设备安全监督管理部门报告的，由特种设备安全监督管理部门责令限期改正；逾期未改正的，予以通报批评。

特种设备使用单位在特种设备投入使用前或者投入使用后 30 日内，未向特种设备安全监督管理部门登记，擅自将其投入使用的；未依照《条例》第二十六条的规定，建立特种设备安全技术档案的；未依照《条例》第二十七条的规定，对在用特种设备进行经常性日常维护保养和定期自行检查的，或者对在用特种设备的安全附件、安全保护装置、测量调控装置及有关附属仪器仪表进行定期校验、检修，并做出记录的；未按照安全技术规范的定期检验要求，在安全检验合格有效期届满前 1 个月向特种设备检验检测机构提出定期检验要求的；使用未经定期检验或者检验不合格的特种设备的；特种设备出现故障或者发生异常情况，未对其进行全面检查、消除事故隐患，继续投入使用的；未制定特种设备的事故应急措施和救援预案的；未对电梯进行清洁、润滑、调整和检查等情形之一的，由特种设备安全监督管理部门责令限期改正；逾期未改正的，处 2000 元以上 2 万元以下罚款；情节严重的，责令停止使用或者停产停业整顿。

特种设备存在严重事故隐患，无改造、维修价值，或者超过安全技术规范规定的使用年限，特种设备使用单位未予以报废，并向原登记的特种设备安全监督管理部门办理注销的，由特种设备安全监督管理部门责令限期改正；逾期未改正的，处 5 万元以上 20 万元以下罚款。

电梯的运营使用单位未将电梯、客运索道、大型游乐设施的安全注意事项和警示标志置于易于为乘客注意的显著位置的由特种设备安全监督管理部门责令限期改正；逾期未改正的，责令停止使用或者停产停业整顿，处 1 万元以上 5 万元以下罚款。

特种设备使用单位如未依照《条例》规定设置特种设备安全管理机构或者配备专职、兼职的安全管理人员的；从事特种设备作业的人员，未取得相应特种作业人员证书，上岗作业的；未对特种设备作业人员进行特种设备安全教育和培训的。凡有上述情形之一的，由特种设备安全监督管理部门责令限期改正；逾期未改正的，责令停止使用或者停产停业整顿，处 2000 元以上 2 万元以下罚款。

特种设备使用单位的主要负责人在本单位发生重大特种设备事故时，不立即组织抢救或者在事故调查处理期间擅离职守或者逃匿的，给予降职、撤职的处分；触犯刑律的，依照《刑法》关于重大责任事故罪或者其他罪的规定，依法追究刑事责任。

特种设备使用单位的主要负责人对特种设备事故隐瞒不报、谎报或者拖延不报的，依照前款规定处罚。

特种设备作业人员违反特种设备的操作规程和有关的安全规章制度操作，或者在作业过程中发现事故隐患或者其他不安全因素，未立即向现场安全管理人员和单位有关负责人报告的，由特种设备使用单位给予批评教育、处分；触犯刑律的，依照《刑法》关于重大责任事故罪或者其他罪的规定，依法追究刑事责任。

未经核准，擅自从事《条例》所规定的监督检验、定期检验、型式试验等检验检测活动的，由特种设备安全监督管理部门予以取缔，处 5 万元以上 20 万元以下罚款；有违法所得的，没收违法所得；触犯刑律的，对负有责任的主管人员和其他直接责任人员依照《刑法》关于非法经营罪或者其他罪的规定，依法追究刑事责任。

特种设备检验检测机构，如检验检测工作不符合安全技术规范的要求；聘用未经特种设备安全监督管理部门组织考核合格并取得检验检测人员证书的人员，从事相关检验检测工作的；在进行特种设备检验检测中，发现严重事故隐患，未及时告知特种设备使用单位，并立即向特种设备安全监督管理部门报告的，凡有上述情形之一的，由特种设备安全监督管理部门处 2 万元以上 10 万元以下罚款；情节严重的，撤销其检验检测资格。

特种设备检验检测机构和检验检测人员，出具虚假的检验检测结果、鉴定结论或者检验检测结果、鉴定结论严重失实的，由特种设备安全监督管理部门对检验检测机构没收违法所得，处 5 万元以上 20 万元以下罚款，情节严重的，撤销其检验检测资格；对检验检测人员处 5000 元以上 5 万元以下罚款，情节严重的，撤销其检验检测资格，触犯刑律的，依照《刑法》关于中介组织人员提供虚假证明文件罪、中介组织人员出具证明文件重大失实罪或者其他罪的规定，依法追究刑事责任。

特种设备检验检测机构和检验检测人员，出具虚假的检验检测结果、鉴定结论或者检验检测结果、鉴定结论严重失实，造成损害的，应当承担赔偿责任。

特种设备检验检测机构或者检验检测人员从事特种设备的生产、销售，或者以其名义推荐或者监制、监销特种设备的，由特种设备安全监督管理部门撤销特种设备检验检测机构和检验检测人员的资格，处 5 万元以上 20 万元以下罚款；有违法所得的，没收违法所得。

特种设备检验检测机构和检验检测人员利用检验检测工作故意刁难特种设备生产、使用单位，由特种设备安全监督管理部门责令改正；拒不改正的，撤销其检验检测资格。

检验检测人员，从事检验检测工作，不在特种设备检验检测机构执业或者同时在两个以上检验检测机构中执业的，由特种设备安全监督管理部门责令改正，情节严重的，给予停止执业 6 个月以上 2 年以下的处罚；有违法所得的，没收违法所得。

特种设备安全监督管理部门及其特种设备安全监察人员，如有不按照《条例》规定的条件和安全技术规范要求，实施许可、核准、登记的；发现未经许可、核准、登记擅自从事特种设备的生产、使用或者检验检测活动不予取缔或者不依法予以处理的；发现特种设备生产、使用单位不再具备《条例》规定的条件而不撤销其原许可，或者发现特种设备生产、使用违法行为不予查处的；发现特种设备检验检测机构不再具备《条例》规定的条件而不撤销其原核准，或者对其出具虚假的检验检测结果、鉴定结论或者检验检测结果、鉴定结论严重失实的行为不予查处的；对依照《条例》规定在其他地方取得许可的特种设备生产单位重复进行许可，或者对依照《条例》规定在其他地方检验检测合格的特种设备，重复进行检验检测的；发现有违反《条例》和安全技术规范的行为或者在用的特种设备存在严重事故隐患，不立即处理的；发现重大的违法行为或者严重事故隐患，未及时向上级特种设备安全监督管理部门报告，或者接到报告的特种设备安全监督管理部门不立即处理的违法行为之一的，对直接负责的主管人员和其他直接责任人员，依法给予降级或者撤职的行政处分；触犯刑律的，依照《刑法》关于受贿罪、滥用职权罪、玩忽职守罪或者其他罪的规定，依法追究刑事责任。

特种设备的生产、使用单位或者检验检测机构，拒不接受特种设备安全监督管理部门依法实施的安全监察的，由特种设备安全监督管理部门责令限期改正；逾期未改正的，责令停产停业整顿，处 2 万元以上 10 万元以下的罚款；触犯刑律的，依照《刑法》关于妨害公务罪或者其他罪的规定，依法追究刑事责任。

第9章　特种设备作业人员考核规则

为了规范特种设备作业人员考核工作，我国法律规定特种设备作业人员要经过同意的考核管理，考核工作包括考试、审核、发证和复审。我国特种设备作业人员的考试包括理论知识考试和实际操作考试两个科目，均实行百分制，60分合格。具体考试方式、内容、要求、作业级别、项目及范围，以及特种设备作业人员的具体自查报告要求，按照国家质量监督检验检疫总局（以下简称“国家质检总局”）制定的相关作业人员考核大纲执行。

9.1　考 试 机 构

9.1.1　考试机构的设立条件

（1）有常设的组织管理部门和固定的办公场所，专职人员不少于3人。

（2）具备满足考试的固定场所。

（3）具有满足与所承担考试项目相适应的设备及设施。

（4）具有满足考试需要的专、兼职监考和考评人员。

（5）具有健全的考场纪律、监考考评人员守则，保密制度、考试管理、档案管理、财务管理、应急预案等各项规章制度，并且有效实施。

9.1.2　考试机构的主要职责

（1）审查特种设备作业人员考试申请材料。

（2）组织实施特种设备作业人员考试。

（3）公布、通知和上报考试结果。

（4）建立特种设备作业人员考试管理档案。

（5）根据申请人的委托向发证部门统一申请办理并且协助发放《特种设备作业人员证》。

（6）根据申请人的委托向发证部门统一申请办理《特种设备作业人员证》的复审。

（7）向国家质检总局或者发证部门提交年度工作总结及考试相关统计报表。

（8）国家质检总局或者发证部门委托或者交办的其他事项。

国家质检总局及各级发证部门根据考核范围和工作需要，按照统筹规划、合理布局的原则确定考试机构。国家质检总局确定的考试机构由国家质检总局向社会公布，各级发证部门确定的考试机构由省、自治区、直辖市质量技术监督局向社会公布。

9.2　考核程序与要求

特种设备作业人员考试程序包括考试报名、申请材料审查、考试、考试成绩评定与通知。

9.2.1　考试报名程序

报名参加特种设备作业人员考试的人员，应当向考试机构提交下列材料：

（1）《特种设备作业人员考试申请表》（图 9-1）1 份。

（2）身份证复印件 1 份。

（3）1 寸正面免冠照片 2 张。

（4）毕业证书（复印件）或者学历证明 1 份。

申请人姓名		性别	
通信地址			
文化程度		邮政编码	
身份证号		联系电话	
申请考核作业种类		类别、级别	
申请考核作业项目			
用人单位		单位联系人	
单位地址		联系电话	
是否委托考试机构办理取证手续：□是　□否			
工作简历			
培训情况			
用人单位意见（注）	（公章） 年　月　日		
相关材料	□身份证（复印件，1 份） □1 寸正面免冠照片（2 张） □毕业证书（复印件）或者学历证明（1 份） □其他 声明：本人对所填写的内容和提交材料实质内容的真实性负责。 申请人（签字）：　　日期：		

图 9-1　特种设备作业人员考核申请表

《特种设备作业人员考试申请表》由用人单位签署意见，明确申请人身体状况能够适应所申请考核作业项目的需要，经过安全教育和培训，有 3 个月以上申请项目的实习经历。

考试机构应当在收到报名材料后 15 个工作日内完成对材料的审查。对符合要求的，通知申请人按时参加考试；对不符合要求的，通知申请人及时补正材料或者说明不符合要求的理由。考试机构应当根据各类特种设备作业人员考核大纲的要求组织命题。考试机构按照公布的考试科目、考试地点、考试时间组织考试。需要更改考试科目、考试地点、考试时间的，应当提前 30 日公布，并通知已申请考试的人员。考试组织工作要严格执行保密、监考等各项规章制度，确保考试工作的公开、公正、公平、规范，确保考试工作的质量。

9.2.2 考试成绩评定与通知要求

考试机构应当在考试结束后的 20 个工作日内，完成考试成绩的评定，将考试结果报国家质检总局或者发证部门并且通知申请人。

考试成绩有效期为 1 年。单项考试科目不合格者，1 年内允许申请补考 1 次。两项均不合格或者补考仍不合格者，应当重新申请考试。

考试机构应当将《特种设备作业人员考试申请表》、考试试卷、成绩汇总表、考场记录等存档。考试合格的人员，由考试机构向发证部门统一申请办理《特种设备作业人员证》，也可以由个人凭考试结果通知单和《特种设备作业人员考核规则》第十条所列材料向发证部门申请办理。参加国家质检总局确定的考试机构统一考试的，由考试机构或者考试合格人员向设备所在地的省级发证部门申请审核、发证。

9.3 复审程序

9.3.1 复审申请时间

持《特种设备作业人员证》的人员，应当在期满 3 个月前，向发证部门提出复审申请，也可以将复审申请材料提交考试机构，由考试机构统一办理。

申请复审时，持证人员应当提交《特种设备作业人员复审申请表》（图 9-2）1 份；《特种设备作业人员证》原件。

《特种设备作业人员复审申请表》由用人单位签署意见，明确申请人身体状况能够适应所申请复审作业项目的需要，经过安全教育和培训，有无违规、违法等不良记录。

<table>
<tr><td>申请人姓名</td><td></td><td>性别</td><td></td></tr>
<tr><td>文化程度</td><td></td><td>邮政编码</td><td></td></tr>
<tr><td>通信地址</td><td colspan="3"></td></tr>
<tr><td>身份证号</td><td></td><td>联系电话</td><td></td></tr>
<tr><td>申请考核作业种类</td><td></td><td>类别、级别</td><td></td></tr>
<tr><td>申请考核作业项目</td><td colspan="3"></td></tr>
<tr><td>证书编号</td><td></td><td>发证日期</td><td></td></tr>
<tr><td colspan="4">是否申请延长下次复审期限：　□是　□否
是否委托考试机构办理复审手续：　□是　□否</td></tr>
<tr><td colspan="4">是否委托考试机构办理取证手续：　□是　□否</td></tr>
<tr><td>用人单位</td><td></td><td>单位联系人</td><td></td></tr>
<tr><td>单位地址</td><td></td><td>联系电话</td><td></td></tr>
<tr><td>工作简历</td><td colspan="3"></td></tr>
<tr><td>培训情况</td><td colspan="3"></td></tr>
<tr><td>用人单位意见（注）</td><td colspan="3">（公章）
年　月　日</td></tr>
<tr><td>复审材料</td><td colspan="3">□《特种设备作业人员证》（原件）
□其他
声明：本人对所填写的内容和所提交材料实质内容的真实性负责。
申请人（签字）：　　日期：</td></tr>
</table>

图 9-2　特种设备作业人员复审申请表

9.3.2　复审要求

复审时，满足以下所有要求的为复审合格：

（1）提交的复审申请资料真实齐全；

（2）男年龄不超过 60 周岁，女年龄不超过 55 周岁；

（3）在复审期限内中断所从事持证项目的作业时间不超过 12 个月（在相应考核大纲中另有规定的，从其规定）；

（4）没有造成事故的；

（5）符合相应作业人员考核大纲规定条件的。

发证部门应当在 5 个工作日内对复审材料进行审查，或者告知申请人补正申请材料，并且做出是否受理的决定。能够当场审查的，应当当场办理。对同意受理的复审申请，发证部门应当在 20 个工作日内完成复审。合格的在证书上签章；不合格的，应当书面说明理由。

在有效期内无违规、违法等不良记录，并且按时参加安全培训的持证人员，可以申请延长下次复审期限，延长的复审期限不得超过 4 年。

复审不合格的持证人员应当重新参加考试。逾期未申请复审或重新考试不合格的，其《特种设备作业人员证》失效，由发证部门予以注销。

电梯相关法规阶段训练

一、判断题

1．从事电梯安装、改造、维修、日常维护保养的作业人员及检验检测人员应当依法取得相应的许可证书。（　　）

2．使用非法印制、伪造、涂改、倒卖、出租、出借《特种设备作业人员证》的，处1000元以下罚款，构成犯罪的，依法追究刑事责任。（　　）

3．申请取得《特种设备作业人员证》的人员，身体状况能够适应所申请考核作业项目的要求，经过安全教育和培训，有3个月以上申请项目的实习经历。（　　）

4．从事电梯安装、改造、维修、日常维护保养的作业人员应当依法取得相应的资格证书。（　　）

5．事故当事人故意破坏、伪造现场、毁灭证据等致使事故无法认定的，当事人应承担全部责任。（　　）

6．电梯专职安全管理员应做好电梯运行和管理记录，督促电梯日常维护保养单位做好质量检查和相关保养记录。（　　）

7．特种设备使用单位应对特种设备作业人员进行特种设备安全教育和培训，保证特种设备作业人员具备必要的特种设备安全作业知识。（　　）

8．《特种设备安全监察条例》规定，特种设备安全监督管理部门应当制定特种设备应急预案。特种设备使用单位应当制定事故应急专项预案，并定期进行事故应急演练。（　　）

9．《特种设备安全监察条例》规定，特种设备生产单位对其生产的特种设备的安全性能和能效指标负责，不得生产不符合安全性能要求和能效指标的特种设备，不得生产国家产业政策明令淘汰的特种设备。（　　）

10．特种设备使用单位对在用特种设备应至少每周进行一次自行检查并做出记录。（　　）

11．《特种设备安全监察条例》规定，特种设备生产、使用单位和特种设备检验检测机构，应当保证必要的安全投入。（　　）

12．根据国家规定，乘客注意事项警示标示安全色一般用红色、白色、蓝色、绿色4种颜色。（　　）

13．锅炉、压力容器、电梯、起重机械、客运索道、大型游乐设施的安装、改造、维修竣工后，其施工单位应在验收后15日内，将有关技术资料移交使用单位。（　　）

14. 特种设备事故调查中，调查组可根据需要委托生产单位进行检验或技术鉴定。（　）

15. 电梯安装、改造和重大维修单位应当向使用单位提供电梯安装、改造和重大维修的质量合格证书，并提供一年的售后服务。（　）

16. 用人单位应当为特种设备作业人员的取证和复审提供客观真实的证明材料。（　）

17. 事故当事人故意破坏、伪造现场、毁灭证据等致使事故无法认定的，当事人应承担全部责任。（　）

18.《特种设备安全监察条例》规定，对有证据表明不符合安全技术规范要求的或者有其他严重事故隐患的特种设备，予以查封或者扣押。（　）

19. 军事装备、核设施、航空航天器、铁路机车、海上设施和船舶以及矿山井下使用的特种设备、民用机场专用设备的安全监察不适用《特种设备安全监察条例》。（　）

20. 对事故发生负有责任的单位的主要负责人未依法履行职责，导致重大事故发生的，处一年年收入的60%的罚款。（　）

二、选择题

1.《特种设备安全监察条例》规定，特种设备使用单位，应按定期检验的要求，在安全检验合格有效期（　）1个月向特种设备检验检测机构提出定期检验的要求。

A. 届满　B. 届满前　C. 届满后　D. 届满期间

2. 电梯安装、改造和重大维修单位的售后服务不少于（　）。

A. 3年　B. 2年　C. 1年　D. 半年

3. 电梯应当至少每（　）日进行一次清洁、润滑、调整和检查。

A. 10　B. 15　C. 20　D. 30

4. 发生一般事故后，事故发生单位或业主应当立即向（　）报告。

A. 设备检验检测机构　B. 设备使用注册登记机构

C. 设备使用单位上级部门　D. 设备生产厂

5. 电梯使用单位在安全检验合有效期满前（　）日内向检验机构提出定期检验申请。

A. 60　B. 30　C. 15　D. 5

6.《特种设备安全监察条例》规定，特种设备使用单位应对特种设备作业人员进行特种设备（　）教育和培训，保证特种设备作业人员具备必要的特种设备安全节能知识。

A. 安全节能　B. 安全　C. 节能　D. 经济核算

7. 造成（　）死亡，定为重大事故。

A. 1～3人　B. 3～9人

C．10 人以上 30 人以下　　　　　D．12～15 人

8．发生重大事故由（　　）成立调查组负责调查。

A．国家质检总局

B．省、市特种设备安全监督管理部门

C．区、县质监部门

D．设备使用单位主管部门

9．对销售禁止销售产品的电梯单位，处以 1 万元以上（　　）万元以下的罚款处罚。

A．2　　　B．3　　　C．5　　　D．7

10．检验检测人员，从事检验检测工作，不在特种设备检验检测机构执业或同时在两个以上检验检测机构中执业的，由特种设备安全监督管理部门责令改正，情节严重的，给予停业（　　）的处罚。

A．6 个月以上 2 年以下　　　B．6 个月以上 3 年以下

C．1 年以上 3 年以下　　　D．1 年以上 5 年以下

11．依据《特种设备安全监察条例》，对事故发生负有责任的单位的主要负责人未依法履行职责，导致事故发生的，由特种设备安全监督管理部门依照（　　）规定处以罚款。

A．发生设备故障的，处上一年年收入 20%的罚款

B．发生一般事故的，处上一年年收入 30%的罚款

C．发生较大事故的，处上一年年收入 40%的罚款

D．发生重大事故的，处上一年年收入 60%的罚款

12．特种设备发生事故后，应按照国家规定进行（　　）工作。

A．事故调查　　B．人员调动　　C．追究责任　　D．继续生产

13．特种设备管理员应根据本企业制定特种设备事故的（　　）方案。

A．应急措施　　B．救援预案　　C．组织救援　　D．演习

14．《特种设备安全监察条例》规定，特种设备生产、使用单位应建立、健全特种设备安全节能管理制度和（　　）制度。

A．交接班责任　　　B．岗位安全节能责任

C．维护保养责任　　　D．巡回检查责任

15．特种设备安全监督管理部门根据举报，对涉嫌违反规定的行为进行查处时，可行使的职权之一是：对有证据表明不符合安全技术要求或有严重事故隐患的特种设备，予以（　　）或扣押。

A．查封　　B．暂停使用　　C．限制使用　　D．专人使用

16．依据《特种设备安全监察条例》，国家鼓励推行科学的管理方法，采用先进技术，提高特种设备安全性能和管理水平，增强特种设备生产、使用单位防范事故的能力，对取得显著成绩的单位和个人，给予奖励。下列叙述正确的是（　　）。

A．国家鼓励特种设备节能技术的研究、开发、示范和推广，促进特种设备节能

技术创新和应用

B. 特种设备生产、使用单位和特种设备检验检测机构，应当保证必要的安全和节能投入

C. 国家鼓励实行特种设备责任保险制度，提高事故赔付能力

D. 实行特种设备责任制度，提高防范事故的能力

17. 区（县）质量技术监督局接到电梯暂停使用报告后，应当在（　　）内到达现场。

A. 30 min　　B. 1h　　C. 2h　　D. 4h

18.《特种设备安全监察条例》规定，检验检测机构人员从事检验检测工作，必须在特种设备检验检测机构执业，但不得同时在（　　）检验检测机构中执业。

A. 两个　　B. 两个相邻的　　C. 两个以下　　D. 两个以上

19. 特种设备制造单位向对电梯安装、改造和重大维修活动的全过程实行质量（　　）。

A. 抽检　　B. 互检　　C. 自检　　D. 年检

20. 特种设备安装、改造、维修的施工单位应在施工前将拟进行的特种设备安装、改造、维修情况（　　）所属地区的特种设备安全监督管理部门后方可施工。

A. 口头申报　　B. 当面申请　　C. 书面告知　　D. 传真备案

附录A 中华人民共和国特种设备安全法

第一章 总 则

第一条 为了加强特种设备安全工作，预防特种设备事故，保障人身和财产安全，促进经济社会发展，制定本法。

第二条 特种设备的生产（包括设计、制造、安装、改造、修理）、经营、使用、检验、检测和特种设备安全的监督管理，适用本法。

本法所称特种设备，是指对人身和财产安全有较大危险性的锅炉、压力容器（含气瓶）、压力管道、电梯、起重机械、客运索道、大型游乐设施、场（厂）内专用机动车辆，以及法律、行政法规规定适用本法的其他特种设备。

国家对特种设备实行目录管理。特种设备目录由国务院负责特种设备安全监督管理的部门制定，报国务院批准后执行。

第三条 特种设备安全工作应当坚持安全第一、预防为主、节能环保、综合治理的原则。

第四条 国家对特种设备的生产、经营、使用，实施分类的、全过程的安全监督管理。

第五条 国务院负责特种设备安全监督管理的部门对全国特种设备安全实施监督管理。县级以上地方各级人民政府负责特种设备安全监督管理的部门对本行政区域内特种设备安全实施监督管理。

第六条 国务院和地方各级人民政府应当加强对特种设备安全工作的领导，督促各有关部门依法履行监督管理职责。

县级以上地方各级人民政府应当建立协调机制，及时协调、解决特种设备安全监督管理中存在的问题。

第七条 特种设备生产、经营、使用单位应当遵守本法和其他有关法律、法规，建立、健全特种设备安全和节能责任制度，加强特种设备安全和节能管理，确保特种设备生产、经营、使用安全，符合节能要求。

第八条 特种设备生产、经营、使用、检验、检测应当遵守有关特种设备安全技术规范及相关标准。

特种设备安全技术规范由国务院负责特种设备安全监督管理的部门制定。

第九条 特种设备行业协会应当加强行业自律，推进行业诚信体系建设，提高特种设备安全管理水平。

第十条 国家支持有关特种设备安全的科学技术研究，鼓励先进技术和先进管理方法的推广应用，对做出突出贡献的单位和个人给予奖励。

第十一条　负责特种设备安全监督管理的部门应当加强特种设备安全宣传教育，普及特种设备安全知识，增强社会公众的特种设备安全意识。

第十二条　任何单位和个人有权向负责特种设备安全监督管理的部门和有关部门举报涉及特种设备安全的违法行为，接到举报的部门应当及时处理。

第二章　生产、经营、使用

第一节　一般规定

第十三条　特种设备生产、经营、使用单位及其主要负责人对其生产、经营、使用的特种设备安全负责。

特种设备生产、经营、使用单位应当按照国家有关规定配备特种设备安全管理人员、检测人员和作业人员，并对其进行必要的安全教育和技能培训。

第十四条　特种设备安全管理人员、检测人员和作业人员应当按照国家有关规定取得相应资格，方可从事相关工作。特种设备安全管理人员、检测人员和作业人员应当严格执行安全技术规范和管理制度，保证特种设备安全。

第十五条　特种设备生产、经营、使用单位对其生产、经营、使用的特种设备应当进行自行检测和维护保养，对国家规定实行检验的特种设备应当及时申报并接受检验。

第十六条　特种设备采用新材料、新技术、新工艺，与安全技术规范的要求不一致，或者安全技术规范未作要求、可能对安全性能有重大影响的，应当向国务院负责特种设备安全监督管理的部门申报，由国务院负责特种设备安全监督管理的部门及时委托安全技术咨询机构或者相关专业机构进行技术评审，评审结果经国务院负责特种设备安全监督管理的部门批准，方可投入生产、使用。

国务院负责特种设备安全监督管理的部门应当将允许使用的新材料、新技术、新工艺的有关技术要求，及时纳入安全技术规范。

第十七条　国家鼓励投保特种设备安全责任保险。

第二节　生　产

第十八条　国家按照分类监督管理的原则对特种设备生产实行许可制度。特种设备生产单位应当具备下列条件，并经负责特种设备安全监督管理的部门许可，方可从事生产活动：

（一）有与生产相适应的专业技术人员；

（二）有与生产相适应的设备、设施和工作场所；

（三）有健全的质量保证、安全管理和岗位责任等制度。

第十九条　特种设备生产单位应当保证特种设备生产符合安全技术规范及相关标准的要求，对其生产的特种设备的安全性能负责。不得生产不符合安全性能要求和能效指标以及国家明令淘汰的特种设备。

第二十条　锅炉、气瓶、氧舱、客运索道、大型游乐设施的设计文件，应当经负责特种设备安全监督管理的部门核准的检验机构鉴定，方可用于制造。

特种设备产品、部件或者试制的特种设备新产品、新部件以及特种设备采用的新材料，按照安全技术规范的要求需要通过型式试验进行安全性验证的，应当经负责特种设备安全监督管理的部门核准的检验机构进行型式试验。

第二十一条　特种设备出厂时，应当随附安全技术规范要求的设计文件、产品质量合格证明、安装及使用维护保养说明、监督检验证明等相关技术资料和文件，并在特种设备显著位置设置产品铭牌、安全警示标志及其说明。

第二十二条　电梯的安装、改造、修理，必须由电梯制造单位或者其委托的依照本法取得相应许可的单位进行。电梯制造单位委托其他单位进行电梯安装、改造、修理的，应当对其安装、改造、修理进行安全指导和监控，并按照安全技术规范的要求进行校验和调试。电梯制造单位对电梯安全性能负责。

第二十三条　特种设备安装、改造、修理的施工单位应当在施工前将拟进行的特种设备安装、改造、修理情况书面告知直辖市或者设区的市级人民政府负责特种设备安全监督管理的部门。

第二十四条　特种设备安装、改造、修理竣工后，安装、改造、修理的施工单位应当在验收后三十日内将相关技术资料和文件移交特种设备使用单位。特种设备使用单位应当将其存入该特种设备的安全技术档案。

第二十五条　锅炉、压力容器、压力管道元件等特种设备的制造过程和锅炉、压力容器、压力管道、电梯、起重机械、客运索道、大型游乐设施的安装、改造、重大修理过程，应当经特种设备检验机构按照安全技术规范的要求进行监督检验；未经监督检验或者监督检验不合格的，不得出厂或者交付使用。

第二十六条　国家建立缺陷特种设备召回制度。因生产原因造成特种设备存在危及安全的同一性缺陷的，特种设备生产单位应当立即停止生产，主动召回。

国务院负责特种设备安全监督管理的部门发现特种设备存在应当召回而未召回的情形时，应当责令特种设备生产单位召回。

第三节　经　营

第二十七条　特种设备销售单位销售的特种设备，应当符合安全技术规范及相关标准的要求，其设计文件、产品质量合格证明、安装及使用维护保养说明、监督检验证明等相关技术资料和文件应当齐全。

特种设备销售单位应当建立特种设备检查验收和销售记录制度。

禁止销售未取得许可生产的特种设备，未经检验和检验不合格的特种设备，或者国家明令淘汰和已经报废的特种设备。

第二十八条　特种设备出租单位不得出租未取得许可生产的特种设备或者国家明令淘汰和已经报废的特种设备，以及未按照安全技术规范的要求进行维护保养和未经检验或者检验不合格的特种设备。

第二十九条　特种设备在出租期间的使用管理和维护保养义务由特种设备出租单

位承担，法律另有规定或者当事人另有约定的除外。

第三十条　进口的特种设备应当符合我国安全技术规范的要求，并经检验合格；需要取得我国特种设备生产许可的，应当取得许可。

进口特种设备随附的技术资料和文件应当符合本法第二十一条的规定，其安装及使用维护保养说明、产品铭牌、安全警示标志及其说明应当采用中文。

特种设备的进出口检验，应当遵守有关进出口商品检验的法律、行政法规。

第三十一条　进口特种设备，应当向进口地负责特种设备安全监督管理的部门履行提前告知义务。

第四节　使　　用

第三十二条　特种设备使用单位应当使用取得许可生产并经检验合格的特种设备。

禁止使用国家明令淘汰和已经报废的特种设备。

第三十三条　特种设备使用单位应当在特种设备投入使用前或者投入使用后三十日内，向负责特种设备安全监督管理的部门办理使用登记，取得使用登记证书。登记标志应当置于该特种设备的显著位置。

第三十四条　特种设备使用单位应当建立岗位责任、隐患治理、应急救援等安全管理制度，制定操作规程，保证特种设备安全运行。

第三十五条　特种设备使用单位应当建立特种设备安全技术档案。安全技术档案应当包括以下内容：

（一）特种设备的设计文件、产品质量合格证明、安装及使用维护保养说明、监督检验证明等相关技术资料和文件；

（二）特种设备的定期检验和定期自行检查记录；

（三）特种设备的日常使用状况记录；

（四）特种设备及其附属仪器仪表的维护保养记录；

（五）特种设备的运行故障和事故记录。

第三十六条　电梯、客运索道、大型游乐设施等为公众提供服务的特种设备的运营使用单位，应当对特种设备的使用安全负责，设置特种设备安全管理机构或者配备专职的特种设备安全管理人员；其他特种设备使用单位，应当根据情况设置特种设备安全管理机构或者配备专职、兼职的特种设备安全管理人员。

第三十七条　特种设备的使用应当具有规定的安全距离、安全防护措施。

与特种设备安全相关的建筑物、附属设施，应当符合有关法律、行政法规的规定。

第三十八条　特种设备属于共有的，共有人可以委托物业服务单位或者其他管理人管理特种设备，受托人履行本法规定的特种设备使用单位的义务，承担相应责任。共有人未委托的，由共有人或者实际管理人履行管理义务，承担相应责任。

第三十九条　特种设备使用单位应当对其使用的特种设备进行经常性维护保养和定期自行检查，并作出记录。

特种设备使用单位应当对其使用的特种设备的安全附件、安全保护装置进行定期校验、检修，并作出记录。

第四十条 特种设备使用单位应当按照安全技术规范的要求，在检验合格有效期届满前一个月向特种设备检验机构提出定期检验要求。

特种设备检验机构接到定期检验要求后，应当按照安全技术规范的要求及时进行安全性能检验。特种设备使用单位应当将定期检验标志置于该特种设备的显著位置。

未经定期检验或者检验不合格的特种设备，不得继续使用。

第四十一条 特种设备安全管理人员应当对特种设备使用状况进行经常性检查，发现问题应当立即处理；情况紧急时，可以决定停止使用特种设备并及时报告本单位有关负责人。

特种设备作业人员在作业过程中发现事故隐患或者其他不安全因素，应当立即向特种设备安全管理人员和单位有关负责人报告；特种设备运行不正常时，特种设备作业人员应当按照操作规程采取有效措施保证安全。

第四十二条 特种设备出现故障或者发生异常情况，特种设备使用单位应当对其进行全面检查，消除事故隐患，方可继续使用。

第四十三条 客运索道、大型游乐设施在每日投入使用前，其运营使用单位应当进行试运行和例行安全检查，并对安全附件和安全保护装置进行检查确认。

电梯、客运索道、大型游乐设施的运营使用单位应当将电梯、客运索道、大型游乐设施的安全使用说明、安全注意事项和警示标志置于易于为乘客注意的显著位置。

公众乘坐或者操作电梯、客运索道、大型游乐设施，应当遵守安全使用说明和安全注意事项的要求，服从有关工作人员的管理和指挥；遇有运行不正常时，应当按照安全指引，有序撤离。

第四十四条 锅炉使用单位应当按照安全技术规范的要求进行锅炉水（介）质处理，并接受特种设备检验机构的定期检验。

从事锅炉清洗，应当按照安全技术规范的要求进行，并接受特种设备检验机构的监督检验。

第四十五条 电梯的维护保养应当由电梯制造单位或者依照本法取得许可的安装、改造、修理单位进行。

电梯的维护保养单位应当在维护保养中严格执行安全技术规范的要求，保证其维护保养的电梯的安全性能，并负责落实现场安全防护措施，保证施工安全。

电梯的维护保养单位应当对其维护保养的电梯的安全性能负责；接到故障通知后，应当立即赶赴现场，并采取必要的应急救援措施。

第四十六条 电梯投入使用后，电梯制造单位应当对其制造的电梯的安全运行情况进行跟踪调查和了解，对电梯的维护保养单位或者使用单位在维护保养和安全运行方面存在的问题，提出改进建议，并提供必要的技术帮助；发现电梯存在严重事故隐患时，应当及时告知电梯使用单位，并向负责特种设备安全监督管理的部门报告。电梯制造单位对调查和了解的情况，应当作出记录。

第四十七条　特种设备进行改造、修理，按照规定需要变更使用登记的，应当办理变更登记，方可继续使用。

第四十八条　特种设备存在严重事故隐患，无改造、修理价值，或者达到安全技术规范规定的其他报废条件的，特种设备使用单位应当依法履行报废义务，采取必要措施消除该特种设备的使用功能，并向原登记的负责特种设备安全监督管理的部门办理使用登记证书注销手续。

前款规定报废条件以外的特种设备，达到设计使用年限可以继续使用的，应当按照安全技术规范的要求通过检验或者安全评估，并办理使用登记证书变更，方可继续使用。允许继续使用的，应当采取加强检验、检测和维护保养等措施，确保使用安全。

第四十九条　移动式压力容器、气瓶充装单位，应当具备下列条件，并经负责特种设备安全监督管理的部门许可，方可从事充装活动：

（一）有与充装和管理相适应的管理人员和技术人员；

（二）有与充装和管理相适应的充装设备、检测手段、场地厂房、器具、安全设施；

（三）有健全的充装管理制度、责任制度、处理措施。

充装单位应当建立充装前后的检查、记录制度，禁止对不符合安全技术规范要求的移动式压力容器和气瓶进行充装。

气瓶充装单位应当向气体使用者提供符合安全技术规范要求的气瓶，对气体使用者进行气瓶安全使用指导，并按照安全技术规范的要求办理气瓶使用登记，及时申报定期检验。

第三章　检验、检测

第五十条　从事本法规定的监督检验、定期检验的特种设备检验机构，以及为特种设备生产、经营、使用提供检测服务的特种设备检测机构，应当具备下列条件，并经负责特种设备安全监督管理的部门核准，方可从事检验、检测工作：

（一）有与检验、检测工作相适应的检验、检测人员；

（二）有与检验、检测工作相适应的检验、检测仪器和设备；

（三）有健全的检验、检测管理制度和责任制度。

第五十一条　特种设备检验、检测机构的检验、检测人员应当经考核，取得检验、检测人员资格，方可从事检验、检测工作。

特种设备检验、检测机构的检验、检测人员不得同时在两个以上检验、检测机构中执业；变更执业机构的，应当依法办理变更手续。

第五十二条　特种设备检验、检测工作应当遵守法律、行政法规的规定，并按照安全技术规范的要求进行。

特种设备检验、检测机构及其检验、检测人员应当依法为特种设备生产、经营、使用单位提供安全、可靠、便捷、诚信的检验、检测服务。

第五十三条　特种设备检验、检测机构及其检验、检测人员应当客观、公正、及时地出具检验、检测报告，并对检验、检测结果和鉴定结论负责。

特种设备检验、检测机构及其检验、检测人员在检验、检测中发现特种设备存在严重事故隐患时，应当及时告知相关单位，并立即向负责特种设备安全监督管理的部门报告。

负责特种设备安全监督管理的部门应当组织对特种设备检验、检测机构的检验、检测结果和鉴定结论进行监督抽查，但应当防止重复抽查。监督抽查结果应当向社会公布。

第五十四条 特种设备生产、经营、使用单位应当按照安全技术规范的要求向特种设备检验、检测机构及其检验、检测人员提供特种设备相关资料和必要的检验、检测条件，并对资料的真实性负责。

第五十五条 特种设备检验、检测机构及其检验、检测人员对检验、检测过程中知悉的商业秘密，负有保密义务。

特种设备检验、检测机构及其检验、检测人员不得从事有关特种设备的生产、经营活动，不得推荐或者监制、监销特种设备。

第五十六条 特种设备检验机构及其检验人员利用检验工作故意刁难特种设备生产、经营、使用单位的，特种设备生产、经营、使用单位有权向负责特种设备安全监督管理的部门投诉，接到投诉的部门应当及时进行调查处理。

第四章 监督管理

第五十七条 负责特种设备安全监督管理的部门依照本法规定，对特种设备生产、经营、使用单位和检验、检测机构实施监督检查。

负责特种设备安全监督管理的部门应当对学校、幼儿园以及医院、车站、客运码头、商场、体育场馆、展览馆、公园等公众聚集场所的特种设备，实施重点安全监督检查。

第五十八条 负责特种设备安全监督管理的部门实施本法规定的许可工作，应当依照本法和其他有关法律、行政法规规定的条件和程序以及安全技术规范的要求进行审查；不符合规定的，不得许可。

第五十九条 负责特种设备安全监督管理的部门在办理本法规定的许可时，其受理、审查、许可的程序必须公开，并应当自受理申请之日起三十日内，作出许可或者不予许可的决定；不予许可的，应当书面向申请人说明理由。

第六十条 负责特种设备安全监督管理的部门对依法办理使用登记的特种设备应当建立完整的监督管理档案和信息查询系统；对达到报废条件的特种设备，应当及时督促特种设备使用单位依法履行报废义务。

第六十一条 负责特种设备安全监督管理的部门在依法履行监督检查职责时，可以行使下列职权：

（一）进入现场进行检查，向特种设备生产、经营、使用单位和检验、检测机构的主要负责人和其他有关人员调查、了解有关情况；

（二）根据举报或者取得的涉嫌违法证据，查阅、复制特种设备生产、经营、使用单位和检验、检测机构的有关合同、发票、账簿以及其他有关资料；

（三）对有证据表明不符合安全技术规范要求或者存在严重事故隐患的特种设备实施查封、扣押；

（四）对流入市场的达到报废条件或者已经报废的特种设备实施查封、扣押；

（五）对违反本法规定的行为作出行政处罚决定。

第六十二条　负责特种设备安全监督管理的部门在依法履行职责过程中，发现违反本法规定和安全技术规范要求的行为或者特种设备存在事故隐患时，应当以书面形式发出特种设备安全监察指令，责令有关单位及时采取措施予以改正或者消除事故隐患。紧急情况下要求有关单位采取紧急处置措施的，应当随后补发特种设备安全监察指令。

第六十三条　负责特种设备安全监督管理的部门在依法履行职责过程中，发现重大违法行为或者特种设备存在严重事故隐患时，应当责令有关单位立即停止违法行为、采取措施消除事故隐患，并及时向上级负责特种设备安全监督管理的部门报告。接到报告的负责特种设备安全监督管理的部门应当采取必要措施，及时予以处理。

对违法行为、严重事故隐患的处理需要当地人民政府和有关部门的支持、配合时，负责特种设备安全监督管理的部门应当报告当地人民政府，并通知其他有关部门。当地人民政府和其他有关部门应当采取必要措施，及时予以处理。

第六十四条　地方各级人民政府负责特种设备安全监督管理的部门不得要求已经依照本法规定在其他地方取得许可的特种设备生产单位重复取得许可，不得要求对已经依照本法规定在其他地方检验合格的特种设备重复进行检验。

第六十五条　负责特种设备安全监督管理的部门的安全监察人员应当熟悉相关法律、法规，具有相应的专业知识和工作经验，取得特种设备安全行政执法证件。

特种设备安全监察人员应当忠于职守、坚持原则、秉公执法。

负责特种设备安全监督管理的部门实施安全监督检查时，应当有二名以上特种设备安全监察人员参加，并出示有效的特种设备安全行政执法证件。

第六十六条　负责特种设备安全监督管理的部门对特种设备生产、经营、使用单位和检验、检测机构实施监督检查，应当对每次监督检查的内容、发现的问题及处理情况作出记录，并由参加监督检查的特种设备安全监察人员和被检查单位的有关负责人签字后归档。被检查单位的有关负责人拒绝签字的，特种设备安全监察人员应当将情况记录在案。

第六十七条　负责特种设备安全监督管理的部门及其工作人员不得推荐或者监制、监销特种设备；对履行职责过程中知悉的商业秘密负有保密义务。

第六十八条　国务院负责特种设备安全监督管理的部门和省、自治区、直辖市人民政府负责特种设备安全监督管理的部门应当定期向社会公布特种设备安全总体状况。

第五章　事故应急救援与调查处理

第六十九条　国务院负责特种设备安全监督管理的部门应当依法组织制定特种设

备重特大事故应急预案，报国务院批准后纳入国家突发事件应急预案体系。

县级以上地方各级人民政府及其负责特种设备安全监督管理的部门应当依法组织制定本行政区域内特种设备事故应急预案，建立或者纳入相应的应急处置与救援体系。

特种设备使用单位应当制定特种设备事故应急专项预案，并定期进行应急演练。

第七十条　特种设备发生事故后，事故发生单位应当按照应急预案采取措施，组织抢救，防止事故扩大，减少人员伤亡和财产损失，保护事故现场和有关证据，并及时向事故发生地县级以上人民政府负责特种设备安全监督管理的部门和有关部门报告。

县级以上人民政府负责特种设备安全监督管理的部门接到事故报告，应当尽快核实情况，立即向本级人民政府报告，并按照规定逐级上报。必要时，负责特种设备安全监督管理的部门可以越级上报事故情况。对特别重大事故、重大事故，国务院负责特种设备安全监督管理的部门应当立即报告国务院并通报国务院安全生产监督管理部门等有关部门。

与事故相关的单位和人员不得迟报、谎报或者瞒报事故情况，不得隐匿、毁灭有关证据或者故意破坏事故现场。

第七十一条　事故发生地人民政府接到事故报告，应当依法启动应急预案，采取应急处置措施，组织应急救援。

第七十二条　特种设备发生特别重大事故，由国务院或者国务院授权有关部门组织事故调查组进行调查。

发生重大事故，由国务院负责特种设备安全监督管理的部门会同有关部门组织事故调查组进行调查。

发生较大事故，由省、自治区、直辖市人民政府负责特种设备安全监督管理的部门会同有关部门组织事故调查组进行调查。

发生一般事故，由设区的市级人民政府负责特种设备安全监督管理的部门会同有关部门组织事故调查组进行调查。

事故调查组应当依法、独立、公正开展调查，提出事故调查报告。

第七十三条　组织事故调查的部门应当将事故调查报告报本级人民政府，并报上一级人民政府负责特种设备安全监督管理的部门备案。有关部门和单位应当依照法律、行政法规的规定，追究事故责任单位和人员的责任。

事故责任单位应当依法落实整改措施，预防同类事故发生。事故造成损害的，事故责任单位应当依法承担赔偿责任。

第六章　法律责任

第七十四条　违反本法规定，未经许可从事特种设备生产活动的，责令停止生产，没收违法制造的特种设备，处十万元以上五十万元以下罚款；有违法所得的，没收违法所得；已经实施安装、改造、修理的，责令恢复原状或者责令限期由取得许可的单位重新安装、改造、修理。

第七十五条　违反本法规定，特种设备的设计文件未经鉴定，擅自用于制造的，责令改正，没收违法制造的特种设备，处五万元以上五十万元以下罚款。

第七十六条　违反本法规定，未进行型式试验的，责令限期改正；逾期未改正的，处三万元以上三十万元以下罚款。

第七十七条　违反本法规定，特种设备出厂时，未按照安全技术规范的要求随附相关技术资料和文件的，责令限期改正；逾期未改正的，责令停止制造、销售，处二万元以上二十万元以下罚款；有违法所得的，没收违法所得。

第七十八条　违反本法规定，特种设备安装、改造、修理的施工单位在施工前未书面告知负责特种设备安全监督管理的部门即行施工的，或者在验收后三十日内未将相关技术资料和文件移交特种设备使用单位的，责令限期改正；逾期未改正的，处一万元以上十万元以下罚款。

第七十九条　违反本法规定，特种设备的制造、安装、改造、重大修理以及锅炉清洗过程，未经监督检验的，责令限期改正；逾期未改正的，处五万元以上二十万元以下罚款；有违法所得的，没收违法所得；情节严重的，吊销生产许可证。

第八十条　违反本法规定，电梯制造单位有下列情形之一的，责令限期改正；逾期未改正的，处一万元以上十万元以下罚款：

（一）未按照安全技术规范的要求对电梯进行校验、调试的；

（二）对电梯的安全运行情况进行跟踪调查和了解时，发现存在严重事故隐患，未及时告知电梯使用单位并向负责特种设备安全监督管理的部门报告的。

第八十一条　违反本法规定，特种设备生产单位有下列行为之一的，责令限期改正；逾期未改正的，责令停止生产，处五万元以上五十万元以下罚款；情节严重的，吊销生产许可证：

（一）不再具备生产条件、生产许可证已经过期或者超出许可范围生产的；

（二）明知特种设备存在同一性缺陷，未立即停止生产并召回的。

违反本法规定，特种设备生产单位生产、销售、交付国家明令淘汰的特种设备的，责令停止生产、销售，没收违法生产、销售、交付的特种设备，处三万元以上三十万元以下罚款；有违法所得的，没收违法所得。

特种设备生产单位涂改、倒卖、出租、出借生产许可证的，责令停止生产，处五万元以上五十万元以下罚款；情节严重的，吊销生产许可证。

第八十二条　违反本法规定，特种设备经营单位有下列行为之一的，责令停止经营，没收违法经营的特种设备，处三万元以上三十万元以下罚款；有违法所得的，没收违法所得：

（一）销售、出租未取得许可生产，未经检验或者检验不合格的特种设备的；

（二）销售、出租国家明令淘汰、已经报废的特种设备，或者未按照安全技术规范的要求进行维护保养的特种设备的。

违反本法规定，特种设备销售单位未建立检查验收和销售记录制度，或者进口特种设备未履行提前告知义务的，责令改正，处一万元以上十万元以下罚款。

特种设备生产单位销售、交付未经检验或者检验不合格的特种设备的，依照本条第一款规定处罚；情节严重的，吊销生产许可证。

第八十三条　违反本法规定，特种设备使用单位有下列行为之一的，责令限期改正；逾期未改正的，责令停止使用有关特种设备，处一万元以上十万元以下罚款：

（一）使用特种设备未按照规定办理使用登记的；

（二）未建立特种设备安全技术档案或者安全技术档案不符合规定要求，或者未依法设置使用登记标志、定期检验标志的；

（三）未对其使用的特种设备进行经常性维护保养和定期自行检查，或者未对其使用的特种设备的安全附件、安全保护装置进行定期校验、检修，并作出记录的；

（四）未按照安全技术规范的要求及时申报并接受检验的；

（五）未按照安全技术规范的要求进行锅炉水（介）质处理的；

（六）未制定特种设备事故应急专项预案的。

第八十四条　违反本法规定，特种设备使用单位有下列行为之一的，责令停止使用有关特种设备，处三万元以上三十万元以下罚款：

（一）使用未取得许可生产，未经检验或者检验不合格的特种设备，或者国家明令淘汰、已经报废的特种设备的；

（二）特种设备出现故障或者发生异常情况，未对其进行全面检查、消除事故隐患，继续使用的；

（三）特种设备存在严重事故隐患，无改造、修理价值，或者达到安全技术规范规定的其他报废条件，未依法履行报废义务，并办理使用登记证书注销手续的。

第八十五条　违反本法规定，移动式压力容器、气瓶充装单位有下列行为之一的，责令改正，处二万元以上二十万元以下罚款；情节严重的，吊销充装许可证：

（一）未按照规定实施充装前后的检查、记录制度的；

（二）对不符合安全技术规范要求的移动式压力容器和气瓶进行充装的。

违反本法规定，未经许可，擅自从事移动式压力容器或者气瓶充装活动的，予以取缔，没收违法充装的气瓶，处十万元以上五十万元以下罚款；有违法所得的，没收违法所得。

第八十六条　违反本法规定，特种设备生产、经营、使用单位有下列情形之一的，责令限期改正；逾期未改正的，责令停止使用有关特种设备或者停产停业整顿，处一万元以上五万元以下罚款：

（一）未配备具有相应资格的特种设备安全管理人员、检测人员和作业人员的；

（二）使用未取得相应资格的人员从事特种设备安全管理、检测和作业的；

（三）未对特种设备安全管理人员、检测人员和作业人员进行安全教育和技能培训的。

第八十七条　违反本法规定，电梯、客运索道、大型游乐设施的运营使用单位有下列情形之一的，责令限期改正；逾期未改正的，责令停止使用有关特种设备或者停产停业整顿，处二万元以上十万元以下罚款：

（一）未设置特种设备安全管理机构或者配备专职的特种设备安全管理人员的；

（二）客运索道、大型游乐设施每日投入使用前，未进行试运行和例行安全检查，未对安全附件和安全保护装置进行检查确认的；

（三）未将电梯、客运索道、大型游乐设施的安全使用说明、安全注意事项和警示标志置于易于为乘客注意的显著位置的。

第八十八条　违反本法规定，未经许可，擅自从事电梯维护保养的，责令停止违法行为，处一万元以上十万元以下罚款；有违法所得的，没收违法所得。

电梯的维护保养单位未按照本法规定以及安全技术规范的要求，进行电梯维护保养的，依照前款规定处罚。

第八十九条　发生特种设备事故，有下列情形之一的，对单位处五万元以上二十万元以下罚款；对主要负责人处一万元以上五万元以下罚款；主要负责人属于国家工作人员的，并依法给予处分：

（一）发生特种设备事故时，不立即组织抢救或者在事故调查处理期间擅离职守或者逃匿的；

（二）对特种设备事故迟报、谎报或者瞒报的。

第九十条　发生事故，对负有责任的单位除要求其依法承担相应的赔偿等责任外，依照下列规定处以罚款：

（一）发生一般事故，处十万元以上二十万元以下罚款；

（二）发生较大事故，处二十万元以上五十万元以下罚款；

（三）发生重大事故，处五十万元以上二百万元以下罚款。

第九十一条　对事故发生负有责任的单位的主要负责人未依法履行职责或者负有领导责任的，依照下列规定处以罚款；属于国家工作人员的，并依法给予处分：

（一）发生一般事故，处上一年年收入百分之三十的罚款；

（二）发生较大事故，处上一年年收入百分之四十的罚款；

（三）发生重大事故，处上一年年收入百分之六十的罚款。

第九十二条　违反本法规定，特种设备安全管理人员、检测人员和作业人员不履行岗位职责，违反操作规程和有关安全规章制度，造成事故的，吊销相关人员的资格。

第九十三条　违反本法规定，特种设备检验、检测机构及其检验、检测人员有下列行为之一的，责令改正，对机构处五万元以上二十万元以下罚款，对直接负责的主管人员和其他直接责任人员处五千元以上五万元以下罚款；情节严重的，吊销机构资质和有关人员的资格：

（一）未经核准或者超出核准范围、使用未取得相应资格的人员从事检验、检测的；

（二）未按照安全技术规范的要求进行检验、检测的；

（三）出具虚假的检验、检测结果和鉴定结论或者检验、检测结果和鉴定结论严重失实的；

（四）发现特种设备存在严重事故隐患，未及时告知相关单位，并立即向负责特种设备安全监督管理的部门报告的；

（五）泄露检验、检测过程中知悉的商业秘密的；

（六）从事有关特种设备的生产、经营活动的；

（七）推荐或者监制、监销特种设备的；

（八）利用检验工作故意刁难相关单位的。

违反本法规定，特种设备检验、检测机构的检验、检测人员同时在两个以上检验、检测机构中执业的，处五千元以上五万元以下罚款；情节严重的，吊销其资格。

第九十四条　违反本法规定，负责特种设备安全监督管理的部门及其工作人员有下列行为之一的，由上级机关责令改正；对直接负责的主管人员和其他直接责任人员，依法给予处分：

（一）未依照法律、行政法规规定的条件、程序实施许可的；

（二）发现未经许可擅自从事特种设备的生产、使用或者检验、检测活动不予取缔或者不依法予以处理的；

（三）发现特种设备生产单位不再具备本法规定的条件而不吊销其许可证，或者发现特种设备生产、经营、使用违法行为不予查处的；

（四）发现特种设备检验、检测机构不再具备本法规定的条件而不撤销其核准，或者对其出具虚假的检验、检测结果和鉴定结论或者检验、检测结果和鉴定结论严重失实的行为不予查处的；

（五）发现违反本法规定和安全技术规范要求的行为或者特种设备存在事故隐患，不立即处理的；

（六）发现重大违法行为或者特种设备存在严重事故隐患，未及时向上级负责特种设备安全监督管理的部门报告，或者接到报告的负责特种设备安全监督管理的部门不立即处理的；

（七）要求已经依照本法规定在其他地方取得许可的特种设备生产单位重复取得许可，或者要求对已经依照本法规定在其他地方检验合格的特种设备重复进行检验的；

（八）推荐或者监制、监销特种设备的；

（九）泄露履行职责过程中知悉的商业秘密的；

（十）接到特种设备事故报告未立即向本级人民政府报告，并按照规定上报的；

（十一）迟报、漏报、谎报或者瞒报事故的；

（十二）妨碍事故救援或者事故调查处理的；

（十三）其他滥用职权、玩忽职守、徇私舞弊的行为。

第九十五条　违反本法规定，特种设备生产、经营、使用单位或者检验、检测机构拒不接受负责特种设备安全监督管理的部门依法实施的监督检查的，责令限期改正；逾期未改正的，责令停产停业整顿，处二万元以上二十万元以下罚款。

特种设备生产、经营、使用单位擅自动用、调换、转移、损毁被查封、扣押的特种设备或者其主要部件的，责令改正，处五万元以上二十万元以下罚款；情节严重的，吊销生产许可证，注销特种设备使用登记证书。

第九十六条　违反本法规定，被依法吊销许可证的，自吊销许可证之日起三年内，负责特种设备安全监督管理的部门不予受理其新的许可申请。

第九十七条　违反本法规定，造成人身、财产损害的，依法承担民事责任。

违反本法规定，应当承担民事赔偿责任和缴纳罚款、罚金，其财产不足以同时支付时，先承担民事赔偿责任。

第九十八条　违反本法规定，构成违反治安管理行为的，依法给予治安管理处罚；构成犯罪的，依法追究刑事责任。

第七章　附　　则

第九十九条　特种设备行政许可、检验的收费，依照法律、行政法规的规定执行。

第一百条　军事装备、核设施、航空航天器使用的特种设备安全的监督管理不适用本法。

铁路机车、海上设施和船舶、矿山井下使用的特种设备以及民用机场专用设备安全的监督管理，房屋建筑工地、市政工程工地用起重机械和场（厂）内专用机动车辆的安装、使用的监督管理，由有关部门依照本法和其他有关法律的规定实施。

第一百零一条　本法自 2014 年 1 月 1 日起施行。

附录B　特种设备安全监察条例

第一章　总　　则

第一条　为了加强特种设备的安全监察，防止和减少事故，保障人民群众生命和财产安全，促进经济发展，制定本条例。

第二条　本条例所称特种设备是指涉及生命安全、危险性较大的锅炉、压力容器（含气瓶，下同）、压力管道、电梯、起重机械、客运索道、大型游乐设施和场（厂）内专用机动车辆。

前款特种设备的目录由国务院负责特种设备安全监督管理的部门（以下简称国务院特种设备安全监督管理部门）制订，报国务院批准后执行。

第三条　特种设备的生产（含设计、制造、安装、改造、维修，下同）、使用、检验检测及其监督检查，应当遵守本条例，但本条例另有规定的除外。

军事装备、核设施、航空航天器、铁路机车、海上设施和船舶以及矿山井下使用的特种设备、民用机场专用设备的安全监察不适用本条例。

房屋建筑工地和市政工程工地用起重机械、场（厂）内专用机动车辆的安装、使用的监督管理，由建设行政主管部门依照有关法律、法规的规定执行。

第四条　国务院特种设备安全监督管理部门负责全国特种设备的安全监察工作，县以上地方负责特种设备安全监督管理的部门对本行政区域内特种设备实施安全监察（以下统称特种设备安全监督管理部门）。

第五条　特种设备生产、使用单位应当建立健全特种设备安全、节能管理制度和岗位安全、节能责任制度。

特种设备生产、使用单位的主要负责人应当对本单位特种设备的安全和节能全面负责。

特种设备生产、使用单位和特种设备检验检测机构，应当接受特种设备安全监督管理部门依法进行的特种设备安全监察。

第六条　特种设备检验检测机构，应当依照本条例规定，进行检验检测工作，对其检验检测结果、鉴定结论承担法律责任。

第七条　县级以上地方人民政府应当督促、支持特种设备安全监督管理部门依法履行安全监察职责，对特种设备安全监察中存在的重大问题及时予以协调、解决。

第八条　国家鼓励推行科学的管理方法，采用先进技术，提高特种设备安全性能和管理水平，增强特种设备生产、使用单位防范事故的能力，对取得显著成绩的单位和个人，给予奖励。

国家鼓励特种设备节能技术的研究、开发、示范和推广，促进特种设备节能技术创新和应用。

特种设备生产、使用单位和特种设备检验检测机构，应当保证必要的安全和节能投入。

国家鼓励实行特种设备责任保险制度，提高事故赔付能力。

第九条　任何单位和个人对违反本条例规定的行为，有权向特种设备安全监督管理部门和行政监察等有关部门举报。

特种设备安全监督管理部门应当建立特种设备安全监察举报制度，公布举报电话、信箱或者电子邮件地址，受理对特种设备生产、使用和检验检测违法行为的举报，并及时予以处理。

特种设备安全监督管理部门和行政监察等有关部门应当为举报人保密，并按照国家有关规定给予奖励。

第二章　特种设备的生产

第十条　特种设备生产单位，应当依照本条例规定以及国务院特种设备安全监督管理部门制订并公布的安全技术规范（以下简称安全技术规范）的要求，进行生产活动。

特种设备生产单位对其生产的特种设备的安全性能和能效指标负责，不得生产不符合安全性能要求和能效指标的特种设备，不得生产国家产业政策明令淘汰的特种设备。

第十一条　压力容器的设计单位应当经国务院特种设备安全监督管理部门许可，方可从事压力容器的设计活动。

压力容器的设计单位应当具备下列条件：

（一）有与压力容器设计相适应的设计人员、设计审核人员；

（二）有与压力容器设计相适应的场所和设备；

（三）有与压力容器设计相适应的健全的管理制度和责任制度。

第十二条　锅炉、压力容器中的气瓶（以下简称气瓶）、氧舱和客运索道、大型游乐设施以及高耗能特种设备的设计文件，应当经国务院特种设备安全监督管理部门核准的检验检测机构鉴定，方可用于制造。

第十三条　按照安全技术规范的要求，应当进行型式试验的特种设备产品、部件或者试制特种设备新产品、新部件、新材料，必须进行型式试验和能效测试。

第十四条　锅炉、压力容器、电梯、起重机械、客运索道、大型游乐设施及其安全附件、安全保护装置的制造、安装、改造单位，以及压力管道用管子、管件、阀门、法兰、补偿器、安全保护装置等（以下简称压力管道元件）的制造单位和场（厂）内专用机动车辆的制造、改造单位，应当经国务院特种设备安全监督管理部门许可，方可从事相应的活动。

前款特种设备的制造、安装、改造单位应当具备下列条件：

（一）有与特种设备制造、安装、改造相适应的专业技术人员和技术工人；

（二）有与特种设备制造、安装、改造相适应的生产条件和检测手段；

（三）有健全的质量管理制度和责任制度。

第十五条　特种设备出厂时，应当附有安全技术规范要求的设计文件、产品质量合格证明、安装及使用维修说明、监督检验证明等文件。

第十六条　锅炉、压力容器、电梯、起重机械、客运索道、大型游乐设施、场（厂）内专用机动车辆的维修单位，应当有与特种设备维修相适应的专业技术人员和技术工人以及必要的检测手段，并经省、自治区、直辖市特种设备安全监督管理部门许可，方可从事相应的维修活动。

第十七条　锅炉、压力容器、起重机械、客运索道、大型游乐设施的安装、改造、维修以及场（厂）内专用机动车辆的改造、维修，必须由依照本条例取得许可的单位进行。

电梯的安装、改造、维修，必须由电梯制造单位或者其通过合同委托、同意的依照本条例取得许可的单位进行。电梯制造单位对电梯质量以及安全运行涉及的质量问题负责。

特种设备安装、改造、维修的施工单位应当在施工前将拟进行的特种设备安装、改造、维修情况书面告知直辖市或者设区的市的特种设备安全监督管理部门，告知后即可施工。

第十八条　电梯井道的土建工程必须符合建筑工程质量要求。电梯安装施工过程中，电梯安装单位应当遵守施工现场的安全生产要求，落实现场安全防护措施。电梯安装施工过程中，施工现场的安全生产监督，由有关部门依照有关法律、行政法规的规定执行。

电梯安装施工过程中，电梯安装单位应当服从建筑施工总承包单位对施工现场的安全生产管理，并订立合同，明确各自的安全责任。

第十九条　电梯的制造、安装、改造和维修活动，必须严格遵守安全技术规范的要求。电梯制造单位委托或者同意其他单位进行电梯安装、改造、维修活动的，应当对其安装、改造、维修活动进行安全指导和监控。电梯的安装、改造、维修活动结束后，电梯制造单位应当按照安全技术规范的要求对电梯进行校验和调试，并对校验和调试的结果负责。

第二十条　锅炉、压力容器、电梯、起重机械、客运索道、大型游乐设施的安装、改造、维修以及场（厂）内专用机动车辆的改造、维修竣工后，安装、改造、维修的施工单位应当在验收后 30 日内将有关技术资料移交使用单位，高耗能特种设备还应当按照安全技术规范的要求提交能效测试报告。使用单位应当将其存入该特种设备的安全技术档案。

第二十一条　锅炉、压力容器、压力管道元件、起重机械、大型游乐设施的制造过程和锅炉、压力容器、电梯、起重机械、客运索道、大型游乐设施的安装、改造、重大维修过程，必须经国务院特种设备安全监督管理部门核准的检验检测机构按照安全技术规范的要求进行监督检验；未经监督检验合格的不得出厂或者交付使用。

第二十二条　移动式压力容器、气瓶充装单位应当经省、自治区、直辖市的特种设备安全监督管理部门许可，方可从事充装活动。

充装单位应当具备下列条件：

（一）有与充装和管理相适应的管理人员和技术人员；

（二）有与充装和管理相适应的充装设备、检测手段、场地厂房、器具、安全设施；

（三）有健全的充装管理制度、责任制度、紧急处理措施。

气瓶充装单位应当向气体使用者提供符合安全技术规范要求的气瓶，对使用者进行气瓶安全使用指导，并按照安全技术规范的要求办理气瓶使用登记，提出气瓶的定期检验要求。

第三章　特种设备的使用

第二十三条　特种设备使用单位，应当严格执行本条例和有关安全生产的法律、行政法规的规定，保证特种设备的安全使用。

第二十四条　特种设备使用单位应当使用符合安全技术规范要求的特种设备。特种设备投入使用前，使用单位应当核对其是否附有本条例第十五条规定的相关文件。

第二十五条　特种设备在投入使用前或者投入使用后 30 日内，特种设备使用单位应当向直辖市或者设区的市的特种设备安全监督管理部门登记。登记标志应当置于或者附着于该特种设备的显著位置。

第二十六条　特种设备使用单位应当建立特种设备安全技术档案。安全技术档案应当包括以下内容：

（一）特种设备的设计文件、制造单位、产品质量合格证明、使用维护说明等文件以及安装技术文件和资料；

（二）特种设备的定期检验和定期自行检查的记录；

（三）特种设备的日常使用状况记录；

（四）特种设备及其安全附件、安全保护装置、测量调控装置及有关附属仪器仪表的日常维护保养记录；

（五）特种设备运行故障和事故记录；

（六）高耗能特种设备的能效测试报告、能耗状况记录以及节能改造技术资料。

第二十七条　特种设备使用单位应当对在用特种设备进行经常性日常维护保养，并定期自行检查。

特种设备使用单位对在用特种设备应当至少每月进行一次自行检查，并作出记录。特种设备使用单位在对在用特种设备进行自行检查和日常维护保养时发现异常情况的，应当及时处理。

特种设备使用单位应当对在用特种设备的安全附件、安全保护装置、测量调控装置及有关附属仪器仪表进行定期校验、检修，并作出记录。

锅炉使用单位应当按照安全技术规范的要求进行锅炉水（介）质处理，并接受特种设备检验检测机构实施的水（介）质处理定期检验。

从事锅炉清洗的单位，应当按照安全技术规范的要求进行锅炉清洗，并接受特种设备检验检测机构实施的锅炉清洗过程监督检验。

第二十八条　特种设备使用单位应当按照安全技术规范的定期检验要求，在安全检验合格有效期届满前1个月向特种设备检验检测机构提出定期检验要求。

检验检测机构接到定期检验要求后，应当按照安全技术规范的要求及时进行安全性能检验和能效测试。

未经定期检验或者检验不合格的特种设备，不得继续使用。

第二十九条　特种设备出现故障或者发生异常情况，使用单位应当对其进行全面检查，消除事故隐患后，方可重新投入使用。

特种设备不符合能效指标的，特种设备使用单位应当采取相应措施进行整改。

第三十条　特种设备存在严重事故隐患，无改造、维修价值，或者超过安全技术规范规定使用年限，特种设备使用单位应当及时予以报废，并应当向原登记的特种设备安全监督管理部门办理注销。

第三十一条　电梯的日常维护保养必须由依照本条例取得许可的安装、改造、维修单位或者电梯制造单位进行。

电梯应当至少每15日进行一次清洁、润滑、调整和检查。

第三十二条　电梯的日常维护保养单位应当在维护保养中严格执行国家安全技术规范的要求，保证其维护保养的电梯的安全技术性能，并负责落实现场安全防护措施，保证施工安全。

电梯的日常维护保养单位，应当对其维护保养的电梯的安全性能负责。接到故障通知后，应当立即赶赴现场，并采取必要的应急救援措施。

第三十三条　电梯、客运索道、大型游乐设施等为公众提供服务的特种设备运营使用单位，应当设置特种设备安全管理机构或者配备专职的安全管理人员；其他特种设备使用单位，应当根据情况设置特种设备安全管理机构或者配备专职、兼职的安全管理人员。

特种设备的安全管理人员应当对特种设备使用状况进行经常性检查，发现问题的应当立即处理；情况紧急时，可以决定停止使用特种设备并及时报告本单位有关负责人。

第三十四条　客运索道、大型游乐设施的运营使用单位在客运索道、大型游乐设施每日投入使用前，应当进行试运行和例行安全检查，并对安全装置进行检查确认。

电梯、客运索道、大型游乐设施的运营使用单位应当将电梯、客运索道、大型游乐设施的安全注意事项和警示标志置于易于为乘客注意的显著位置。

第三十五条　客运索道、大型游乐设施的运营使用单位的主要负责人应当熟悉客运索道、大型游乐设施的相关安全知识，并全面负责客运索道、大型游乐设施的安全使用。

客运索道、大型游乐设施的运营使用单位的主要负责人至少应当每月召开一次会议，督促、检查客运索道、大型游乐设施的安全使用工作。

客运索道、大型游乐设施的运营使用单位，应当结合本单位的实际情况，配备相应数量的营救装备和急救物品。

第三十六条　电梯、客运索道、大型游乐设施的乘客应当遵守使用安全注意事项的要求，服从有关工作人员的指挥。

第三十七条　电梯投入使用后，电梯制造单位应当对其制造的电梯的安全运行情况进行跟踪调查和了解，对电梯的日常维护保养单位或者电梯的使用单位在安全运行方面存在的问题，提出改进建议，并提供必要的技术帮助。发现电梯存在严重事故隐患的，应当及时向特种设备安全监督管理部门报告。电梯制造单位对调查和了解的情况，应当作出记录。

第三十八条　锅炉、压力容器、电梯、起重机械、客运索道、大型游乐设施、场（厂）内专用机动车辆的作业人员及其相关管理人员（以下统称特种设备作业人员），应当按照国家有关规定经特种设备安全监督管理部门考核合格，取得国家统一格式的特种作业人员证书，方可从事相应的作业或者管理工作。

第三十九条　特种设备使用单位应当对特种设备作业人员进行特种设备安全、节能教育和培训，保证特种设备作业人员具备必要的特种设备安全、节能知识。

特种设备作业人员在作业中应当严格执行特种设备的操作规程和有关的安全规章制度。

第四十条　特种设备作业人员在作业过程中发现事故隐患或者其他不安全因素，应当立即向现场安全管理人员和单位有关负责人报告。

第四章　检验检测

第四十一条　从事本条例规定的监督检验、定期检验、型式试验以及专门为特种设备生产、使用、检验检测提供无损检测服务的特种设备检验检测机构，应当经国务院特种设备安全监督管理部门核准。

特种设备使用单位设立的特种设备检验检测机构，经国务院特种设备安全监督管理部门核准，负责本单位核准范围内的特种设备定期检验工作。

第四十二条　特种设备检验检测机构，应当具备下列条件：

（一）有与所从事的检验检测工作相适应的检验检测人员；

（二）有与所从事的检验检测工作相适应的检验检测仪器和设备；

（三）有健全的检验检测管理制度、检验检测责任制度。

第四十三条　特种设备的监督检验、定期检验、型式试验和无损检测应当由依照本条例经核准的特种设备检验检测机构进行。

特种设备检验检测工作应当符合安全技术规范的要求。

第四十四条　从事本条例规定的监督检验、定期检验、型式试验和无损检测的特种设备检验检测人员应当经国务院特种设备安全监督管理部门组织考核合格，取得检验检测人员证书，方可从事检验检测工作。

检验检测人员从事检验检测工作，必须在特种设备检验检测机构执业，但不得同时在两个以上检验检测机构中执业。

第四十五条　特种设备检验检测机构和检验检测人员进行特种设备检验检测，应当遵循诚信原则和方便企业的原则，为特种设备生产、使用单位提供可靠、便捷的检验检测服务。

特种设备检验检测机构和检验检测人员对涉及的被检验检测单位的商业秘密，负有保密义务。

第四十六条　特种设备检验检测机构和检验检测人员应当客观、公正、及时地出具检验检测结果、鉴定结论。检验检测结果、鉴定结论经检验检测人员签字后，由检验检测机构负责人签署。

特种设备检验检测机构和检验检测人员对检验检测结果、鉴定结论负责。

国务院特种设备安全监督管理部门应当组织对特种设备检验检测机构的检验检测结果、鉴定结论进行监督抽查。县以上地方负责特种设备安全监督管理的部门在本行政区域内也可以组织监督抽查，但是要防止重复抽查。监督抽查结果应当向社会公布。

第四十七条　特种设备检验检测机构和检验检测人员不得从事特种设备的生产、销售，不得以其名义推荐或者监制、监销特种设备。

第四十八条　特种设备检验检测机构进行特种设备检验检测，发现严重事故隐患或者能耗严重超标的，应当及时告知特种设备使用单位，并立即向特种设备安全监督管理部门报告。

第四十九条　特种设备检验检测机构和检验检测人员利用检验检测工作故意刁难特种设备生产、使用单位，特种设备生产、使用单位有权向特种设备安全监督管理部门投诉，接到投诉的特种设备安全监督管理部门应当及时进行调查处理。

第五章　监督检查

第五十条　特种设备安全监督管理部门依照本条例规定，对特种设备生产、使用单位和检验检测机构实施安全监察。

对学校、幼儿园以及车站、客运码头、商场、体育场馆、展览馆、公园等公众聚集场所的特种设备，特种设备安全监督管理部门应当实施重点安全监察。

第五十一条　特种设备安全监督管理部门根据举报或者取得的涉嫌违法证据，对涉嫌违反本条例规定的行为进行查处时，可以行使下列职权：

（一）向特种设备生产、使用单位和检验检测机构的法定代表人、主要负责人和其他有关人员调查、了解与涉嫌从事违反本条例的生产、使用、检验检测有关的情况；

（二）查阅、复制特种设备生产、使用单位和检验检测机构的有关合同、发票、账簿以及其他有关资料；

（三）对有证据表明不符合安全技术规范要求的或者有其他严重事故隐患、能耗严重超标的特种设备，予以查封或者扣押。

第五十二条　依照本条例规定实施许可、核准、登记的特种设备安全监督管理部门，应当严格依照本条例规定条件和安全技术规范要求对有关事项进行审查；不符合本条例规定条件和安全技术规范要求的，不得许可、核准、登记；在申请办理许可、核准期间，特种设备安全监督管理部门发现申请人未经许可从事特种设备相应活动或者伪造许可、核准证书的，不予受理或者不予许可、核准，并在 1 年内不再受理其新的许可、核准申请。

未依法取得许可、核准、登记的单位擅自从事特种设备的生产、使用或者检验检测活动的，特种设备安全监督管理部门应当依法予以处理。

违反本条例规定，被依法撤销许可的，自撤销许可之日起 3 年内，特种设备安全监督管理部门不予受理其新的许可申请。

第五十三条　特种设备安全监督管理部门在办理本条例规定的有关行政审批事项时，其受理、审查、许可、核准的程序必须公开，并应当自受理申请之日起 30 日内，作出许可、核准或者不予许可、核准的决定；不予许可、核准的，应当书面向申请人说明理由。

第五十四条　地方各级特种设备安全监督管理部门不得以任何形式进行地方保护和地区封锁，不得对已经依照本条例规定在其他地方取得许可的特种设备生产单位重复进行许可，也不得要求对依照本条例规定在其他地方检验检测合格的特种设备，重复进行检验检测。

第五十五条　特种设备安全监督管理部门的安全监察人员（以下简称特种设备安全监察人员）应当熟悉相关法律、法规、规章和安全技术规范，具有相应的专业知识和工作经验，并经国务院特种设备安全监督管理部门考核，取得特种设备安全监察人员证书。

特种设备安全监察人员应当忠于职守、坚持原则、秉公执法。

第五十六条　特种设备安全监督管理部门对特种设备生产、使用单位和检验检测机构实施安全监察时，应当有两名以上特种设备安全监察人员参加，并出示有效的特种设备安全监察人员证件。

第五十七条　特种设备安全监督管理部门对特种设备生产、使用单位和检验检测机构实施安全监察，应当对每次安全监察的内容、发现的问题及处理情况，作出记录，并由参加安全监察的特种设备安全监察人员和被检查单位的有关负责人签字后归档。被检查单位的有关负责人拒绝签字的，特种设备安全监察人员应当将情况记录在案。

第五十八条　特种设备安全监督管理部门对特种设备生产、使用单位和检验检测机构进行安全监察时，发现有违反本条例规定和安全技术规范要求的行为或者在用的特种设备存在事故隐患、不符合能效指标的，应当以书面形式发出特种设备安全监察指令，责令有关单位及时采取措施，予以改正或者消除事故隐患。紧急情况下需要采取紧急处置措施的，应当随后补发书面通知。

第五十九条　特种设备安全监督管理部门对特种设备生产、使用单位和检验检测机构进行安全监察，发现重大违法行为或者严重事故隐患时，应当在采取必要措施的同时，及时向上级特种设备安全监督管理部门报告。接到报告的特种设备安全监督管理部门应当采取必要措施，及时予以处理。

对违法行为、严重事故隐患或者不符合能效指标的处理需要当地人民政府和有关部门的支持、配合时，特种设备安全监督管理部门应当报告当地人民政府，并通知其他有关部门。当地人民政府和其他有关部门应当采取必要措施，及时予以处理。

第六十条　国务院特种设备安全监督管理部门和省、自治区、直辖市特种设备安全监督管理部门应当定期向社会公布特种设备安全以及能效状况。

公布特种设备安全以及能效状况，应当包括下列内容：

（一）特种设备质量安全状况；

（二）特种设备事故的情况、特点、原因分析、防范对策；

（三）特种设备能效状况；

（四）其他需要公布的情况。

第六章　事故预防和调查处理

第六十一条　有下列情形之一的，为特别重大事故：

（一）特种设备事故造成 30 人以上死亡，或者 100 人以上重伤（包括急性工业中毒，下同），或者 1 亿元以上直接经济损失的；

（二）600 兆瓦以上锅炉爆炸的；

（三）压力容器、压力管道有毒介质泄漏，造成 15 万人以上转移的；

（四）客运索道、大型游乐设施高空滞留 100 人以上并且时间在 48 小时以上的。

第六十二条　有下列情形之一的，为重大事故：

（一）特种设备事故造成 10 人以上 30 人以下死亡，或者 50 人以上 100 人以下重伤，或者 5000 万元以上 1 亿元以下直接经济损失的；

（二）600 兆瓦以上锅炉因安全故障中断运行 240 小时以上的；

（三）压力容器、压力管道有毒介质泄漏，造成 5 万人以上 15 万人以下转移的；

（四）客运索道、大型游乐设施高空滞留 100 人以上并且时间在 24 小时以上 48 小时以下的。

第六十三条　有下列情形之一的，为较大事故：

（一）特种设备事故造成 3 人以上 10 人以下死亡，或者 10 人以上 50 人以下重伤，或者 1000 万元以上 5000 万元以下直接经济损失的；

（二）锅炉、压力容器、压力管道爆炸的；

（三）压力容器、压力管道有毒介质泄漏，造成 1 万人以上 5 万人以下转移的；

（四）起重机械整体倾覆的；

（五）客运索道、大型游乐设施高空滞留人员 12 小时以上的。

第六十四条　有下列情形之一的，为一般事故：

（一）特种设备事故造成 3 人以下死亡，或者 10 人以下重伤，或者 1 万元以上 1000 万元以下直接经济损失的；

（二）压力容器、压力管道有毒介质泄漏，造成 500 人以上 1 万人以下转移的；

（三）电梯轿厢滞留人员 2 小时以上的；

（四）起重机械主要受力结构件折断或者起升机构坠落的；

（五）客运索道高空滞留人员 3.5 小时以上 12 小时以下的；

（六）大型游乐设施高空滞留人员 1 小时以上 12 小时以下的。

除前款规定外，国务院特种设备安全监督管理部门可以对一般事故的其他情形做出补充规定。

第六十五条　特种设备安全监督管理部门应当制定特种设备应急预案。特种设备使用单位应当制定事故应急专项预案，并定期进行事故应急演练。

压力容器、压力管道发生爆炸或者泄漏，在抢险救援时应当区分介质特性，严格按照相关预案规定程序处理，防止二次爆炸。

第六十六条　特种设备事故发生后，事故发生单位应当立即启动事故应急预案，组织抢救，防止事故扩大，减少人员伤亡和财产损失，并及时向事故发生地县以上特种设备安全监督管理部门和有关部门报告。

县以上特种设备安全监督管理部门接到事故报告，应当尽快核实有关情况，立即向所在地人民政府报告，并逐级上报事故情况。必要时，特种设备安全监督管理部门可以越级上报事故情况。对特别重大事故、重大事故，国务院特种设备安全监督管理部门应当立即报告国务院并通报国务院安全生产监督管理部门等有关部门。

第六十七条　特别重大事故由国务院或者国务院授权有关部门组织事故调查组进行调查。

重大事故由国务院特种设备安全监督管理部门会同有关部门组织事故调查组进行调查。

较大事故由省、自治区、直辖市特种设备安全监督管理部门会同有关部门组织事故调查组进行调查。

一般事故由设区的市的特种设备安全监督管理部门会同有关部门组织事故调查组进行调查。

第六十八条　事故调查报告应当由负责组织事故调查的特种设备安全监督管理部门的所在地人民政府批复，并报上一级特种设备安全监督管理部门备案。

有关机关应当按照批复，依照法律、行政法规规定的权限和程序，对事故责任单位和有关人员进行行政处罚，对负有事故责任的国家工作人员进行处分。

第六十九条　特种设备安全监督管理部门应当在有关地方人民政府的领导下，组织开展特种设备事故调查处理工作。

有关地方人民政府应当支持、配合上级人民政府或者特种设备安全监督管理部门的事故调查处理工作，并提供必要的便利条件。

第七十条　特种设备安全监督管理部门应当对发生事故的原因进行分析，并根据特种设备的管理和技术特点、事故情况对相关安全技术规范进行评估；需要制定或者修订相关安全技术规范的，应当及时制定或者修订。

第七十一条　本章所称的“以上”包括本数，所称的“以下”不包括本数。

第七章　法律责任

第七十二条　未经许可，擅自从事压力容器设计活动的，由特种设备安全监督管理部门予以取缔，处5万元以上20万元以下罚款；有违法所得的，没收违法所得；触犯刑律的，对负有责任的主管人员和其他直接责任人员依照刑法关于非法经营罪或者其他罪的规定，依法追究刑事责任。

第七十三条　锅炉、气瓶、氧舱和客运索道、大型游乐设施以及高耗能特种设备的设计文件，未经国务院特种设备安全监督管理部门核准的检验检测机构鉴定，擅自用于制造的，由特种设备安全监督管理部门责令改正，没收非法制造的产品，处5万元以上20万元以下罚款；触犯刑律的，对负有责任的主管人员和其他直接责任人员依照刑法关于生产、销售伪劣产品罪、非法经营罪或者其他罪的规定，依法追究刑事责任。

第七十四条　按照安全技术规范的要求应当进行型式试验的特种设备产品、部件或者试制特种设备新产品、新部件，未进行整机或者部件型式试验的，由特种设备安全监督管理部门责令限期改正；逾期未改正的，处2万元以上10万元以下罚款。

第七十五条　未经许可，擅自从事锅炉、压力容器、电梯、起重机械、客运索道、大型游乐设施、场（厂）内专用机动车辆及其安全附件、安全保护装置的制造、安装、改造以及压力管道元件的制造活动的，由特种设备安全监督管理部门予以取缔，没收非法制造的产品，已经实施安装、改造的，责令恢复原状或者责令限期由取得许可的单位重新安装、改造，处10万元以上50万元以下罚款；触犯刑律的，对负有责任的主管人员和其他直接责任人员依照刑法关于生产、销售伪劣产品罪、非法经营罪、重大责任事故罪或者其他罪的规定，依法追究刑事责任。

第七十六条　特种设备出厂时，未按照安全技术规范的要求附有设计文件、产品质量合格证明、安装及使用维修说明、监督检验证明等文件的，由特种设备安全监督管理部门责令改正；情节严重的，责令停止生产、销售，处违法生产、销售货值金额30%以下罚款；有违法所得的，没收违法所得。

第七十七条　未经许可，擅自从事锅炉、压力容器、电梯、起重机械、客运索道、大型游乐设施、场（厂）内专用机动车辆的维修或者日常维护保养的，由特种设备安全监督管理部门予以取缔，处1万元以上5万元以下罚款；有违法所得的，没收违法所得；触犯刑律的，对负有责任的主管人员和其他直接责任人员依照刑法关于非法经营罪、重大责任事故罪或者其他罪的规定，依法追究刑事责任。

第七十八条　锅炉、压力容器、电梯、起重机械、客运索道、大型游乐设施的安装、改造、维修的施工单位以及场（厂）内专用机动车辆的改造、维修单位，在施工前未将拟进行的特种设备安装、改造、维修情况书面告知直辖市或者设区的市的特种设备安全监督管理部门即行施工的，或者在验收后 30 日内未将有关技术资料移交锅炉、压力容器、电梯、起重机械、客运索道、大型游乐设施的使用单位的，由特种设备安全监督管理部门责令限期改正；逾期未改正的，处 2000 元以上 1 万元以下罚款。

第七十九条　锅炉、压力容器、压力管道元件、起重机械、大型游乐设施的制造过程和锅炉、压力容器、电梯、起重机械、客运索道、大型游乐设施的安装、改造、重大维修过程，以及锅炉清洗过程，未经国务院特种设备安全监督管理部门核准的检验检测机构按照安全技术规范的要求进行监督检验的，由特种设备安全监督管理部门责令改正，已经出厂的，没收违法生产、销售的产品，已经实施安装、改造、重大维修或者清洗的，责令限期进行监督检验，处 5 万元以上 20 万元以下罚款；有违法所得的，没收违法所得；情节严重的，撤销制造、安装、改造或者维修单位已经取得的许可，并由工商行政管理部门吊销其营业执照；触犯刑律的，对负有责任的主管人员和其他直接责任人员依照刑法关于生产、销售伪劣产品罪或者其他罪的规定，依法追究刑事责任。

第八十条　未经许可，擅自从事移动式压力容器或者气瓶充装活动的，由特种设备安全监督管理部门予以取缔，没收违法充装的气瓶，处 10 万元以上 50 万元以下罚款；有违法所得的，没收违法所得；触犯刑律的，对负有责任的主管人员和其他直接责任人员依照刑法关于非法经营罪或者其他罪的规定，依法追究刑事责任。

移动式压力容器、气瓶充装单位未按照安全技术规范的要求进行充装活动的，由特种设备安全监督管理部门责令改正，处 2 万元以上 10 万元以下罚款；情节严重的，撤销其充装资格。

第八十一条　电梯制造单位有下列情形之一的，由特种设备安全监督管理部门责令限期改正；逾期未改正的，予以通报批评：

（一）未依照本条例第十九条的规定对电梯进行校验、调试的；

（二）对电梯的安全运行情况进行跟踪调查和了解时，发现存在严重事故隐患，未及时向特种设备安全监督管理部门报告的。

第八十二条　已经取得许可、核准的特种设备生产单位、检验检测机构有下列行为之一的，由特种设备安全监督管理部门责令改正，处 2 万元以上 10 万元以下罚款；情节严重的，撤销其相应资格：

（一）未按照安全技术规范的要求办理许可证变更手续的；

（二）不再符合本条例规定或者安全技术规范要求的条件，继续从事特种设备生产、检验检测的；

（三）未依照本条例规定或者安全技术规范要求进行特种设备生产、检验检测的；

（四）伪造、变造、出租、出借、转让许可证书或者监督检验报告的。

第八十三条　特种设备使用单位有下列情形之一的，由特种设备安全监督管理部门责令限期改正；逾期未改正的，处 2000 元以上 2 万元以下罚款；情节严重的，责令停止使用或者停产停业整顿：

（一）特种设备投入使用前或者投入使用后 30 日内，未向特种设备安全监督管理部门登记，擅自将其投入使用的；

（二）未依照本条例第二十六条的规定，建立特种设备安全技术档案的；

（三）未依照本条例第二十七条的规定，对在用特种设备进行经常性日常维护保养和定期自行检查的，或者对在用特种设备的安全附件、安全保护装置、测量调控装置及有关附属仪器仪表进行定期校验、检修，并作出记录的；

（四）未按照安全技术规范的定期检验要求，在安全检验合格有效期届满前 1 个月向特种设备检验检测机构提出定期检验要求的；

（五）使用未经定期检验或者检验不合格的特种设备的；

（六）特种设备出现故障或者发生异常情况，未对其进行全面检查、消除事故隐患，继续投入使用的；

（七）未制定特种设备事故应急专项预案的；

（八）未依照本条例第三十一条第二款的规定，对电梯进行清洁、润滑、调整和检查的；

（九）未按照安全技术规范要求进行锅炉水（介）质处理的；

（十）特种设备不符合能效指标，未及时采取相应措施进行整改的。

特种设备使用单位使用未取得生产许可的单位生产的特种设备或者将非承压锅炉、非压力容器作为承压锅炉、压力容器使用的，由特种设备安全监督管理部门责令停止使用，予以没收，处 2 万元以上 10 万元以下罚款。

第八十四条 特种设备存在严重事故隐患，无改造、维修价值，或者超过安全技术规范规定的使用年限，特种设备使用单位未予以报废，并向原登记的特种设备安全监督管理部门办理注销的，由特种设备安全监督管理部门责令限期改正；逾期未改正的，处 5 万元以上 20 万元以下罚款。

第八十五条 电梯、客运索道、大型游乐设施的运营使用单位有下列情形之一的，由特种设备安全监督管理部门责令限期改正；逾期未改正的，责令停止使用或者停产停业整顿，处 1 万元以上 5 万元以下罚款：

（一）客运索道、大型游乐设施每日投入使用前，未进行试运行和例行安全检查，并对安全装置进行检查确认的；

（二）未将电梯、客运索道、大型游乐设施的安全注意事项和警示标志置于易于为乘客注意的显著位置的。

第八十六条 特种设备使用单位有下列情形之一的，由特种设备安全监督管理部门责令限期改正；逾期未改正的，责令停止使用或者停产停业整顿，处 2000 元以上 2 万元以下罚款：

（一）未依照本条例规定设置特种设备安全管理机构或者配备专职、兼职的安全管理人员的；

（二）从事特种设备作业的人员，未取得相应特种作业人员证书，上岗作业的；

（三）未对特种设备作业人员进行特种设备安全教育和培训的。

第八十七条　发生特种设备事故，有下列情形之一的，对单位，由特种设备安全监督管理部门处 5 万元以上 20 万元以下罚款；对主要负责人，由特种设备安全监督管理部门处 4000 元以上 2 万元以下罚款；属于国家工作人员的，依法给予处分；触犯刑律的，依照刑法关于重大责任事故罪或者其他罪的规定，依法追究刑事责任：

（一）特种设备使用单位的主要负责人在本单位发生特种设备事故时，不立即组织抢救或者在事故调查处理期间擅离职守或者逃匿的；

（二）特种设备使用单位的主要负责人对特种设备事故隐瞒不报、谎报或者拖延不报的。

第八十八条　对事故发生负有责任的单位，由特种设备安全监督管理部门依照下列规定处以罚款：

（一）发生一般事故的，处 10 万元以上 20 万元以下罚款；

（二）发生较大事故的，处 20 万元以上 50 万元以下罚款；

（三）发生重大事故的，处 50 万元以上 200 万元以下罚款。

第八十九条　对事故发生负有责任的单位的主要负责人未依法履行职责，导致事故发生的，由特种设备安全监督管理部门依照下列规定处以罚款；属于国家工作人员的，并依法给予处分；触犯刑律的，依照刑法关于重大责任事故罪或者其他罪的规定，依法追究刑事责任：

（一）发生一般事故的，处上一年年收入 30%的罚款；

（二）发生较大事故的，处上一年年收入 40%的罚款；

（三）发生重大事故的，处上一年年收入 60%的罚款。

第九十条　特种设备作业人员违反特种设备的操作规程和有关的安全规章制度操作，或者在作业过程中发现事故隐患或者其他不安全因素，未立即向现场安全管理人员和单位有关负责人报告的，由特种设备使用单位给予批评教育、处分；情节严重的，撤销特种设备作业人员资格；触犯刑律的，依照刑法关于重大责任事故罪或者其他罪的规定，依法追究刑事责任。

第九十一条　未经核准，擅自从事本条例所规定的监督检验、定期检验、型式试验以及无损检测等检验检测活动的，由特种设备安全监督管理部门予以取缔，处 5 万元以上 20 万元以下罚款；有违法所得的，没收违法所得；触犯刑律的，对负有责任的主管人员和其他直接责任人员依照刑法关于非法经营罪或者其他罪的规定，依法追究刑事责任。

第九十二条　特种设备检验检测机构，有下列情形之一的，由特种设备安全监督管理部门处 2 万元以上 10 万元以下罚款；情节严重的，撤销其检验检测资格：

（一）聘用未经特种设备安全监督管理部门组织考核合格并取得检验检测人员证书的人员，从事相关检验检测工作的；

（二）在进行特种设备检验检测中，发现严重事故隐患或者能耗严重超标，未及时告知特种设备使用单位，并立即向特种设备安全监督管理部门报告的。

第九十三条　特种设备检验检测机构和检验检测人员，出具虚假的检验检测结果、鉴定结论或者检验检测结果、鉴定结论严重失实的，由特种设备安全监督管理部门对检验检测机构没收违法所得，处 5 万元以上 20 万元以下罚款，情节严重的，撤销其检验检测资格；对检验检测人员处 5000 元以上 5 万元以下罚款，情节严重的，撤销其检验检测资格，触犯刑律的，依照刑法关于中介组织人员提供虚假证明文件罪、中介组织人员出具证明文件重大失实罪或者其他罪的规定，依法追究刑事责任。

特种设备检验检测机构和检验检测人员，出具虚假的检验检测结果、鉴定结论或者检验检测结果、鉴定结论严重失实，造成损害的，应当承担赔偿责任。

第九十四条　特种设备检验检测机构或者检验检测人员从事特种设备的生产、销售，或者以其名义推荐或者监制、监销特种设备的，由特种设备安全监督管理部门撤销特种设备检验检测机构和检验检测人员的资格，处 5 万元以上 20 万元以下罚款；有违法所得的，没收违法所得。

第九十五条　特种设备检验检测机构和检验检测人员利用检验检测工作故意刁难特种设备生产、使用单位，由特种设备安全监督管理部门责令改正；拒不改正的，撤销其检验检测资格。

第九十六条　检验检测人员，从事检验检测工作，不在特种设备检验检测机构执业或者同时在两个以上检验检测机构中执业的，由特种设备安全监督管理部门责令改正，情节严重的，给予停止执业 6 个月以上 2 年以下的处罚；有违法所得的，没收违法所得。

第九十七条　特种设备安全监督管理部门及其特种设备安全监察人员，有下列违法行为之一的，对直接负责的主管人员和其他直接责任人员，依法给予降级或者撤职的处分；触犯刑律的，依照刑法关于受贿罪、滥用职权罪、玩忽职守罪或者其他罪的规定，依法追究刑事责任：

（一）不按照本条例规定的条件和安全技术规范要求，实施许可、核准、登记的；

（二）发现未经许可、核准、登记擅自从事特种设备的生产、使用或者检验检测活动不予取缔或者不依法予以处理的；

（三）发现特种设备生产、使用单位不再具备本条例规定的条件而不撤销其原许可，或者发现特种设备生产、使用违法行为不予查处的；

（四）发现特种设备检验检测机构不再具备本条例规定的条件而不撤销其原核准，或者对其出具虚假的检验检测结果、鉴定结论或者检验检测结果、鉴定结论严重失实的行为不予查处的；

（五）对依照本条例规定在其他地方取得许可的特种设备生产单位重复进行许可，或者对依照本条例规定在其他地方检验检测合格的特种设备，重复进行检验检测的；

（六）发现有违反本条例和安全技术规范的行为或者在用的特种设备存在严重事故隐患，不立即处理的；

（七）发现重大的违法行为或者严重事故隐患，未及时向上级特种设备安全监督管理部门报告，或者接到报告的特种设备安全监督管理部门不立即处理的；

（八）迟报、漏报、瞒报或者谎报事故的；

（九）妨碍事故救援或者事故调查处理的。

第九十八条　特种设备的生产、使用单位或者检验检测机构，拒不接受特种设备安全监督管理部门依法实施的安全监察的，由特种设备安全监督管理部门责令限期改正；逾期未改正的，责令停产停业整顿，处 2 万元以上 10 万元以下罚款；触犯刑律的，依照刑法关于妨害公务罪或者其他罪的规定，依法追究刑事责任。

特种设备生产、使用单位擅自动用、调换、转移、损毁被查封、扣押的特种设备或者其主要部件的，由特种设备安全监督管理部门责令改正，处 5 万元以上 20 万元以下罚款；情节严重的，撤销其相应资格。

第八章　附　　则

第九十九条　本条例下列用语的含义是：

（一）锅炉，是指利用各种燃料、电或者其他能源，将所盛装的液体加热到一定的参数，并对外输出热能的设备，其范围规定为容积大于或者等于 30L 的承压蒸汽锅炉；出口水压大于或者等于 0.1MPa（表压），且额定功率大于或者等于 0.1MW 的承压热水锅炉；有机热载体锅炉。

（二）压力容器，是指盛装气体或者液体，承载一定压力的密闭设备，其范围规定为最高工作压力大于或者等于 0.1MPa（表压），且压力与容积的乘积大于或者等于 2.5MPa·L 的气体、液化气体和最高工作温度高于或者等于标准沸点的液体的固定式容器和移动式容器；盛装公称工作压力大于或者等于 0.2MPa（表压），且压力与容积的乘积大于或者等于 1.0MPa·L 的气体、液化气体和标准沸点等于或者低于 60℃液体的气瓶；氧舱等。

（三）压力管道，是指利用一定的压力，用于输送气体或者液体的管状设备，其范围规定为最高工作压力大于或者等于 0.1MPa（表压）的气体、液化气体、蒸汽介质或者可燃、易爆、有毒、有腐蚀性、最高工作温度高于或者等于标准沸点的液体介质，且公称直径大于 25mm 的管道。

（四）电梯，是指动力驱动，利用沿刚性导轨运行的箱体或者沿固定线路运行的梯级（踏步），进行升降或者平行运送人、货物的机电设备，包括载人（货）电梯、自动扶梯、自动人行道等。

（五）起重机械，是指用于垂直升降或者垂直升降并水平移动重物的机电设备，其范围规定为额定起重量大于或者等于 0.5t 的升降机；额定起重量大于或者等于 1t，且提升高度大于或者等于 2m 的起重机和承重形式固定的电动葫芦等。

（六）客运索道，是指动力驱动，利用柔性绳索牵引箱体等运载工具运送人员的机电设备，包括客运架空索道、客运缆车、客运拖牵索道等。

（七）大型游乐设施，是指用于经营目的，承载乘客游乐的设施，其范围规定为设计最大运行线速度大于或者等于 2m/s，或者运行高度距地面高于或者等于 2m 的载人大型游乐设施。

（八）场（厂）内专用机动车辆，是指除道路交通、农用车辆以外仅在工厂厂区、旅游景区、游乐场所等特定区域使用的专用机动车辆。

特种设备包括其所用的材料、附属的安全附件、安全保护装置和与安全保护装置相关的设施。

第一百条　压力管道设计、安装、使用的安全监督管理办法由国务院另行制定。

第一百零一条　国务院特种设备安全监督管理部门可以授权省、自治区、直辖市特种设备安全监督管理部门负责本条例规定的特种设备行政许可工作，具体办法由国务院特种设备安全监督管理部门制定。

第一百零二条　特种设备行政许可、检验检测，应当按照国家有关规定收取费用。

第一百零三条　本条例自 2003 年 6 月 1 日起施行。1982 年 2 月 6 日国务院发布的《锅炉压力容器安全监察暂行条例》同时废止。

附录C　特种设备作业人员监督管理办法（节选）

第一章　总　　则

第一条　为了加强特种设备作业人员监督管理工作，规范作业人员考核发证程序，保障特种设备安全运行，根据《中华人民共和国行政许可法》、《特种设备安全监察条例》和《国务院对确需保留的行政审批项目设定行政许可的决定》，制定木办法。

第二条　事特种设备作业的人员应当按照本办法的规定，经考核合格取得《特种设备作业人员证》，方可从事相应的作业或者管理工作。

第三条　国家质量监督检验检疫总局（以下简称国家质检总局）负责全国特种设备作业人员的监督管理，县以上质量技术监督部门负责本辖区内的特种设备作业人员的监督管理。

第四条　申请《特种设备作业人员证》的人员，应当首先向省级质量技术监督部门指定的特种设备作业人员考试机构（以下简称考试机构）报名参加考试。对特种设备作业人员数量较少不需要在各省、自治区、直辖市设立考试机构的，由国家质检总局指定考试机构。

第五条　特种设备生产、使用单位（以下统称用人单位）应当聘（雇）用取得《特种设备作业人员证》的人员从事相关管理和作业工作，并对作业人员进行严格管理。

特种设备作业人员应当持证上岗，按章操作，发现隐患及时处置或者报告。

第二章　考试和审核发证程序

第六条　特种设备作业人员考核发证工作由县以上质量技术监督部门分级负责。省级质量技术监督部门决定具体的发证分级范围，负责对考核发证工作的日常监督管理。

申请人经指定的考试机构考试合格的，持考试合格凭证向考试场所所在地的发证部门申请办理《特种设备作业人员证》。

第七条　特种设备作业人员考试机构应当具备相应的场所、设备、师资、监考人员以及健全的考试管理制度等必备条件和能力，经发证部门批准，方可承担考试工作。

发证部门应当对考试机构进行监督，发现问题及时处理。

第八条　特种设备作业人员考试和审核发证程序包括：考试报名、考试、领证申请、受理、审核、发证。

第九条　发证部门和考试机构应当在办公处所公布本办法、考试和审核发证程序、考试作业人员种类、报考具体条件、收费依据和标准、考试机构名称及地点、考试计划等事项。其中，考试报名时间、考试科目、考试地点、考试时间等具体考试计划事项，应当在举行考试之日2个月前公布。

有条件的应当在有关网站、新闻媒体上公布。

第十条　申请《特种设备作业人员证》的人员应当符合下列条件：

（一）年龄在18周岁以上；

（二）身体健康并满足申请从事的作业种类对身体的特殊要求；

（三）有与申请作业种类相适应的文化程度；

（四）具有相应的安全技术知识与技能；

（五）符合安全技术规范规定的其他要求。

作业人员的具体条件应当按照相关安全技术规范的规定执行。

第十一条　用人单位应当对作业人员进行安全教育和培训，保证特种设备作业人员具备必要的特种设备安全作业知识、作业技能和及时进行知识更新。作业人员未能参加用人单位培训的，可以选择专业培训机构进行培训。

作业人员培训的内容按照国家质检总局制定的相关作业人员培训考核大纲等安全技术规范执行。

第十二条　符合条件的申请人员应当向考试机构提交有关证明材料，报名参加考试。

第十三条　考试机构应当制订和认真落实特种设备作业人员的考试组织工作的各项规章制度，严格按照公开、公正、公平的原则，组织实施特种设备作业人员的考试，确保考试工作质量。

第十四条　考试结束后，考试机构应当在20个工作日内将考试结果告知申请人，并公布考试成绩。

第十五条　考试合格的人员，凭考试结果通知单和其他相关证明材料，向发证部门申请办理《特种设备作业人员证》。

第十六条　发证部门应当在5个工作日内对报送材料进行审查，或者告知申请人补正申请材料，并作出是否受理的决定。能够当场审查的，应当当场办理。

第十七条　对同意受理的申请，发证部门应当在20个工作日内完成审核批准手续。准予发证的，在10个工作日内向申请人颁发《特种设备作业人员证》；不予发证的，应当书面说明理由。

第十八条　特种设备作业人员考核发证工作遵循便民、公开、高效的原则。为方便申请人办理考核发证事项，发证部门可以将受理和发放证书的地点设在考试报名地点，并在报名考试时委托考试机构对申请人是否符合报考条件进行审查，考试合格后发证部门可以直接办理受理手续和审核、发证事项。

第三章　证书使用及监督管理

第十九条　持有《特种设备作业人员证》的人员，必须经用人单位的法定代表人（负责人）或者其授权人雇（聘）用后，方可在许可的项目范围内作业。

第二十条　用人单位应当加强对特种设备作业现场和作业人员的管理，履行下列义务：

（一）制订特种设备操作规程和有关安全管理制度；

（二）聘用持证作业人员，并建立特种设备作业人员管理档案；

（三）对作业人员进行安全教育和培训；

（四）确保持证上岗和按章操作；

（五）提供必要的安全作业条件；

（六）其他规定的义务。

用人单位可以指定一名本单位管理人员作为特种设备安全管理负责人，具体负责前款规定的相关工作。

第二十一条　特种设备作业人员应当遵守以下规定：

（一）作业时随身携带证件，并自觉接受用人单位的安全管理和质量技术监督部门的监督检查；

（二）积极参加特种设备安全教育和安全技术培训；

（三）严格执行特种设备操作规程和有关安全规章制度；

（四）拒绝违章指挥；

（五）发现事故隐患或者不安全因素应当立即向现场管理人员和单位有关负责人报告；

（六）其他有关规定。

第二十二条　《特种设备作业人员证》每4年复审一次。持证人员应当在复审期届满3个月前，向发证部门提出复审申请。对持证人员在4年内符合有关安全技术规范规定的不间断作业要求和安全、节能教育培训要求，且无违章操作或者管理等不良记录、未造成事故的，发证部门应当按照有关安全技术规范的规定准予复审合格，并在证书正本上加盖发证部门复审合格章。

复审不合格、逾期未复审的，其《特种设备作业人员证》予以注销。

第二十三条　有下列情形之一的，应当撤销《特种设备作业人员证》：

（一）持证作业人员以考试作弊或者以其他欺骗方式取得《特种设备作业人员证》的；

（二）持证作业人员违反特种设备的操作规程和有关的安全规章制度操作，情节严重的；

（三）持证作业人员在作业过程中发现事故隐患或者其他不安全因素未立即报告，情节严重的；

（四）考试机构或者发证部门工作人员滥用职权、玩忽职守、违反法定程序或者超越发证范围考核发证的；

（五）依法可以撤销的其他情形。

违反前款第（一）项规定的，持证人3年内不得再次申请《特种设备作业人员证》。

第二十四条 《特种设备作业人员证》遗失或者损毁的，持证人应当及时报告发证部门，并在当地媒体予以公告。查证属实的，由发证部门补办证书。

第二十五条 任何单位和个人不得非法印制、伪造、涂改、倒卖、出租或者出借《特种设备作业人员证》。

第二十六条 各级质量技术监督部门应当对特种设备作业活动进行监督检查，查处违法作业行为。

第二十七条 发证部门应当加强对考试机构的监督管理，及时纠正违规行为，必要时应当派人现场监督考试的有关活动。

第二十八条 发证部门要建立特种设备作业人员监督管理档案，记录考核发证、复审和监督检查的情况。发证、复审及监督检查情况要定期向社会公布。

发证部门应当在发证或者复审合格后 20 个工作日内，将特种设备作业人员相关信息录入国家质检总局特种设备作业人员公示查询系统。

第二十九条 特种设备作业人员考试报名、考试、领证申请、受理、审核、发证等环节的具体规定，以及考试机构的设立、《特种设备作业人员证》的注销和复审等事项，按照国家质检总局制定的特种设备作业人员考核规则等安全技术规范执行。

第四章 罚 则

第三十条 申请人隐瞒有关情况或者提供虚假材料申请《特种设备作业人员证》的，不予受理或者不予批准发证，并在 1 年内不得再次申请《特种设备作业人员证》。

第三十一条 有下列情形之一的，责令用人单位改正，并处 1000 元以上 3 万元以下罚款：

（一）违章指挥特种设备作业的；

（二）作业人员违反特种设备的操作规程和有关的安全规章制度操作，或者在作业过程中发现事故隐患或者其他不安全因素未立即向现场管理人员和单位有关负责人报告，用人单位未给予批评教育或者处分的。

第三十二条 非法印制、伪造、涂改、倒卖、出租、出借《特种设备作业人员证》，或者使用非法印制、伪造、涂改、倒卖、出租、出借《特种设备作业人员证》的，处 1000 元以下罚款；构成犯罪的，依法追究刑事责任。

第三十三条 发证部门未按规定程序组织考试和审核发证，或者发证部门未对考试机构严格监督管理影响特种设备作业人员考试质量的，由上一级发证部门责令整改；情节严重的，其负责的特种设备作业人员的考核工作由上一级发证部门组织实施。

第三十四条 考试机构未按规定程序组织考试工作，责令整改；情节严重的，暂停或者撤销其批准。

第三十五条 发证部门或者考试机构工作人员滥用职权、玩忽职守、以权谋私的，应当依法给予行政处分；构成犯罪的，依法追究刑事责任。

第三十六条　特种设备作业人员未取得《特种设备作业人员证》上岗作业，或者用人单位未对特种设备作业人员进行安全教育和培训的，按照《特种设备安全监察条例》第八十六条的规定对用人单位予以处罚。

附录 D　高耗能特种设备节能监督管理办法（节选）

第二条　本办法所称高耗能特种设备，是指在使用过程中能源消耗量或者转换量大，并具有较大节能空间的锅炉、换热压力容器、电梯等特种设备。

第十一条　高耗能特种设备制造企业的新产品应当进行能效测试。未经能效测试或者测试结果未达到能效指标要求的，不得进行批量制造。

锅炉、换热压力容器产品在试制时进行能效测试。电梯产品在安全性能型式试验时进行能效测试。

第二十条　高耗能特种设备安全技术档案至少应当包括以下内容：

（一）含有设计能效指标的设计文件；

（二）能效测试报告；

（三）设备经济运行文件和操作说明书；

（四）日常运行能效监控记录、能耗状况记录；

（五）节能改造技术资料；

（六）能效定期检查记录。

第二十七条　高耗能特种设备节能产品推广目录、淘汰产品目录，依照《中华人民共和国节约能源法》制定并公布。

附录E 电梯使用管理与维护保养规则（节选）

第一章 总 则

第一条 为了规范电梯的使用管理与日常维护保养行为，根据《特种设备安全监察条例》，制定本规则。

第二条 本规则适用于《特种设备安全监察条例》适用范围内电梯的使用管理与日常维护保养工作。

本规则不适用于个人或者单个家庭自用的电梯。

第三条 本规则是对电梯使用管理与日常维护保养（以下简称维保）工作的基本要求，相关单位根据科学技术的发展和实际情况，可以制定高于本规则的工作要求，以保证所维保电梯的安全性能。

第二章 使 用 管 理

第四条 使用单位应当加强对电梯的安全管理，严格执行特种设备安全技术规范（以下简称安全技术规范）的规定，对电梯的使用安全负责。

使用单位应当购置符合安全技术规范的电梯，保证电梯安全运行所必需的投入，严禁购置国家明令淘汰的产品。

第五条 使用单位应当根据电梯安全技术规范以及产品安装使用维护说明书的要求和实际使用状况，组织进行维保。

使用单位应当委托取得相应电梯维修项目许可的单位（以下简称维保单位）进行维保，并且与维保单位签订维保合同，约定维保的期限、要求和双方的权利义务等。维保合同至少包括以下内容：

（一）维保的内容和要求；

（二）维保的时间频次与期限；

（三）维保单位和使用单位双方的权利、义务与责任。

第六条 使用单位应当设置电梯的安全管理机构或者配备电梯安全管理人员，至少有一名取得《特种设备作业人员证》的电梯安全管理人员承担相应的管理职责。

第七条 使用单位应当根据本单位实际情况，建立以岗位责任制为核心的电梯使用和运营安全管理制度，并且严格执行。安全管理制度至少包括以下内容：

（一）相关人员的职责；

（二）安全操作规程；

（三）日常检查制度；

（四）维保制度；

（五）定期报检制度；

（六）电梯钥匙使用管理制度；

（七）作业人员与相关运营服务人员的培训考核制度；

（八）意外事件或者事故的应急救援预案与应急救援演习制度；

（九）安全技术档案管理制度。

第八条　电梯在投入使用前或者投入使用后 30 日内，使用单位应当向设区的市的质量技术监督部门（以下简称登记机关）办理使用登记。办理使用登记时，应当提供以下资料：

（一）组织机构代码证书或者电梯产权所有者（指个人拥有）身份证（复印件 1 份）；

（二）《特种设备使用注册登记表》（一式 2 份）；

（三）安装监督检验报告；

（四）使用单位与维保单位签订的维保合同（原件）；

（五）电梯安全管理人员、电梯司机［适用于按照第九条第（五）款要求配备的电梯司机］等与电梯相关的特种设备作业人员证书；

（六）安全管理制度目录。

维保单位变更时，使用单位应当持维保合同，在新合同生效后 30 日内到原登记机关办理变更手续，并且更换电梯内维保单位相关标识。

电梯报废时，使用单位应当在 30 日内到原使用登记机关办理注销手续。

电梯停用 1 年以上或者停用期跨过 1 次定期检验日期时，使用单位应当在 30 日内到原使用登记机关办理停用手续，重新启用前，应当办理启用手续。

第九条　使用单位应当履行以下职责：

（一）保持电梯紧急报警装置能够随时与使用单位安全管理机构或者值班人员实现有效联系；

（二）在电梯轿厢内或者出入口的明显位置张贴有效的《安全检验合格》标志；

（三）将电梯使用的安全注意事项和警示标志置于乘客易于注意的显著位置；

（四）在电梯显著位置标明使用管理单位名称、应急救援电话和维保单位名称及其急修、投诉电话；

（五）医院提供患者使用的电梯、直接用于旅游观光的速度大于 2.5m/s 的乘客电梯，以及采用司机操作的电梯，由持证的电梯司机操作；

（六）制定出现突发事件或者事故的应急措施与救援预案，学校、幼儿园、机场、车站、医院、商场、体育场馆、文艺演出场馆、展览馆、旅游景点等人员密集场所的电梯使用单位，每年至少进行一次救援演练，其他使用单位可根据本单位条件和所使用电梯的特点，适时进行救援演练；

（七）电梯发生困人时，及时采取措施，安抚乘客，组织电梯维修作业人员实施救援；

（八）在电梯出现故障或者发生异常情况时，组织对其进行全面检查，消除电梯事故隐患后，方可重新投入使用；

（九）电梯发生事故时，按照应急救援预案组织应急救援、排险和抢救，保护事故现场，并且立即报告事故所在地的特种设备安全监督管理部门和其他有关部门；

（十）监督并且配合电梯安装、改造、维修和维保工作；

（十一）对电梯安全管理人员和操作人员进行电梯安全教育和培训；

（十二）按照安全技术规范的要求，及时采用新的安全与节能技术，对在用电梯进行必要的改造或者更新，提高在用电梯的安全与节能水平。

第十条　使用单位的安全管理人员应当履行下列职责：

（一）进行电梯运行的日常巡视，记录电梯日常使用状况；

（二）制定和落实电梯的定期检验计划；

（三）检查电梯安全注意事项和警示标志，确保齐全清晰；

（四）妥善保管电梯钥匙及其安全提示牌；

（五）发现电梯运行事故隐患需要停止使用的，有权作出停止使用的决定，并且立即报告本单位负责人；

（六）接到故障报警后，立即赶赴现场，组织电梯维修作业人员实施救援；

（七）实施对电梯安装、改造、维修和维保工作的监督，对维保单位的维保记录签字确认。

第十一条　使用单位应当建立电梯安全技术档案。安全技术档案至少包括以下内容：

（一）《特种设备使用注册登记表》；

（二）设备及其零部件、安全保护装置的产品技术文件；

（三）安装、改造、重大维修的有关资料、报告；

（四）日常检查与使用状况记录、维保记录、年度自行检查记录或者报告、应急救援演习记录；

（五）安装、改造、重大维修监督检验报告，定期检验报告；

（六）设备运行故障与事故记录。

日常检查与使用状况记录、维保记录、年度自行检查记录或者报告、应急救援演习记录，定期检验报告，设备运行故障记录至少保存 2 年，其他资料应当长期保存。

使用单位变更时，应当随机移交安全技术档案。

第十二条　在用电梯每年进行一次定期检验。使用单位应当按照安全技术规范的要求，在《安全检验合格》标志规定的检验有效期届满前 1 个月，向特种设备检验检测机构提出定期检验申请。未经定期检验或者检验不合格的电梯，不得继续使用。

第十三条　电梯乘客应当遵守以下要求，正确使用电梯：

（一）遵守电梯安全注意事项和警示标志的要求；

（二）不乘坐明示处于非正常状态下的电梯；

（三）不采用非安全手段开启电梯层门；

（四）不拆除、破坏电梯的部件及其附属设施；

（五）不乘坐超过额定载重量的电梯，运送货物时不得超载；

（六）不做其他危及电梯安全运行或者危及他人安全乘坐的行为。

第四章　附　　则

第二十条　消防员电梯、防爆电梯的维保单位，应当按照制造单位的要求制定日常维护保养项目和内容。

第二十一条　本规则下列用语的含义是：

使用单位，是指具有电梯管理权利和管理义务的单位或个人。其既可以是电梯产权所有者，也可以是受电梯产权所有者授权或委托、具有电梯管理权利和管理义务者。

日常维护保养，是指对电梯进行的清洁、润滑、调整、更换易损件和检查等日常维护和保养性工作。其中清洁、润滑不包括部件的解体，以及调整和更换易损件不会改变任何电梯性能参数。

第二十二条　本规则由国家质量监督检验检疫总局负责解释。

参考文献

贺德明，肖伟平．2009．电梯结构与原理[M]．广州：中山大学出版社．

芮静康．2008．电梯工程施工技术与质量控制[M]．北京：机械工业出版社．